轻松看懂
建筑弱电施工图

QINGSONG KANDONG
JIANZHU RUODIAN SHIGONGTU

主　编　张树臣
副主编　龚　威　贾茜茜
参　编　苏　刚　王首彬　潘　雷
　　　　孙红跃　彭桂力

中国电力出版社
CHINA ELECTRIC POWER PRESS

内容提要

本书介绍了现代建筑弱电系统设计的基本内容、设计方法及识图的基本规则，并提供了实际工程设计的技术说明和图例。全书共8章，主要内容包括建筑弱电工程图识读基本知识、消防系统、安全防范系统、闭路电视监控系统、建筑电话通信系统、停车场管理系统以及综合布线系统工程图的识图。

本书内容涵盖面广泛、资料丰富、技术先进，极具实用价值。本书可作为建筑电气设计人员的参考用书及自学书籍，还可作为高等院校建筑电气专业、相关专业的教科书及教学参考书。

图书在版编目（CIP）数据

轻松看懂建筑弱电施工图/张树臣主编. —北京：中国电力出版社，2016.8（2023.1重印）

ISBN 978-7-5123-9464-3

Ⅰ.①轻… Ⅱ.①张… Ⅲ.①房屋建筑设备-电气设备-建筑安装-工程制图-识别 Ⅳ.①TU85

中国版本图书馆CIP数据核字（2016）第135394号

中国电力出版社出版、发行
（北京市东城区北京站西街19号 100005 http://www.cepp.sgcc.com.cn）
三河市航远印刷有限公司印刷
各地新华书店经售

*

2016年8月第一版 2023年1月北京第四次印刷
787毫米×1092毫米 16开本 10.5印张 248千字 6插页
定价**35.00**元

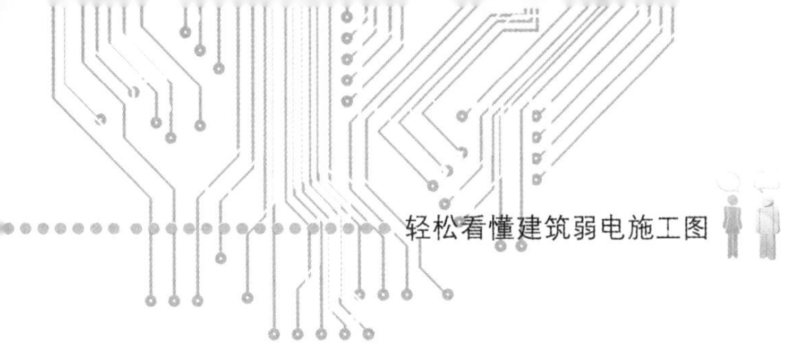

前言

随着现代信息技术的发展，智能建筑已成为现代建筑电气设计的主流趋势。随着我国现代化程度的高速发展，建筑弱电设计的智能化管理，以及智能化社区、城市智能化的发展尤为突出，为使用者提供了高效、舒适、安全及经济的工作和生活环境，实现了建筑物内与建筑环境的全面监控和管理，保障了使用者的安全和便捷。随着社会经济的发展，未来建筑智能化的内容会更加丰富，在各类建筑的弱电设计环节中可得到更充分的体现，根据当前形势的需要，我们编写了此书。

全书分为 8 章，将建筑弱电设计分为 8 个方面进行分析，分别介绍了建筑弱电工程图识读基本知识，消防系统、安全防范系统、闭路电视监控系统、建筑电话通信系统、停车场管理系统、综合布线系统工程图的识图。每章均列举了智能建筑的设计实例加以说明。书中分别以住宅、学校、医院、办公楼、酒店等建筑弱电设计方案的平面图及系统图为例，进行了较深入的分析，讲述了识读的基本方法。书中体现了智能建筑弱电系统形成的综合技术手段，突出了系统性、先进性和实用性。

根据我们多年的教学及工程设计经验，从培养读者的综合能力出发，为了使读者更好地掌握建筑弱电识图及设计的先进手段，本书精选了多个典型的工程实例进行分析，给读者以全新的感受。

本书由天津城市建设学院张树臣担任主编，天津城市建设学院龚威、天津理工大学中环信息学院贾茜茜担任副主编，天津城市建设学院苏刚、王首彬、潘雷、孙红跃、彭林力参编。其中，张树臣做了全书的统稿工作。本书在编写过程中参考了有关建筑电气设计方面的部分书籍、相关资料，在参考文献中并未一一列出，在此对这些书刊和资料的作者表示诚挚的感谢。

由于时间仓促，书中难免有一些不妥之处，恳请广大读者批评指正。

编　者

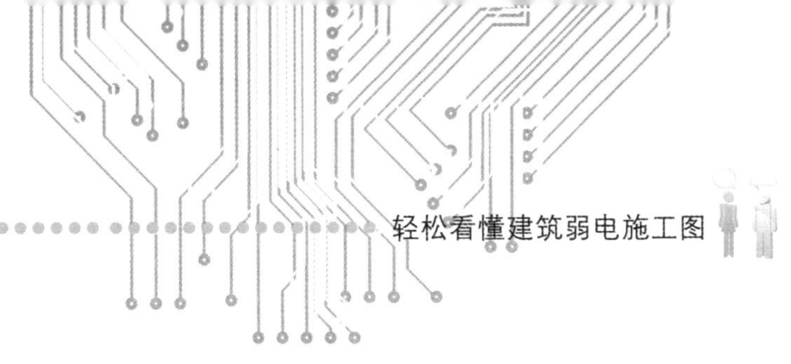

目录

第1章 建筑弱电工程图识读基本知识

1.1 建筑弱电工程图概述

1.1.1 建筑弱电工程图的组成和内容

电气工程的门类很多，如果细分有几十种，其中，我们常把与建筑物关联的新建、扩建和改造的电气工程统称为建筑电气工程。建筑电气工程包括变配电装置，35kV及以下架空线路和电缆线路，照明、动力电气线路，桥式起重机电气线路，电梯、通信、广播系统，电缆电视，火灾自动报警及自动化消防系统、安防系统，空调及冷库电气装置，建筑物内微机监测控制系统及自动化仪表等。

所谓弱电系统，是针对强电系统而言的。一般来说，强电系统的主要功能是实现能量的转换，如将电能转换为光能的电气照明系统、将电能转换为机械能的电梯系统等。弱电系统的功能则是实现信息的处理及信号的传输，通常由多个复杂的子系统组成。一般的建筑弱电系统有消防自动报警系统（FAS)、安保监控系统、卫星接收及有线电视系统（CATV)、通信系统等。由于建筑弱电系统的引入，使得智能建筑的自动化程度大大提高，增加了建筑物与外界的信息交流，创造了安全、舒适、快捷的生活和工作环境。

弱电工程图是阐述弱电工程的结构和功能，描述弱电系统设备装置的工作原理，提供安装接线和维护使用信息的施工图。由于每一项弱电工程的规模不同，所以反映该项工程的弱电系统图种类和数量也不尽相同，通常一项工程的弱电工程图由以下几部分组成。

1. 首页

首页内容包括弱电工程图的图纸目录、图例、设备明细表、设计说明等。图纸目录一般先列出新绘制的图纸，后列出本工程选用的标准图，最后列出重复使用的图，内容有序号、图纸名称、编号、张数等；图例一般是列出本套图纸涉及的一些特殊图例；设备明细表只列出该项弱电工程一些主要电气设备的名称、型号、规格和数量等；设计说明主要阐述建筑物的区位，建筑物的总面积、总高度，建筑物的类别、级别、工程意义，以及建筑物的功能、用途等，叙述该弱电工程设计的依据、基本指导思想与原则，补充那些在图样中不易表达的或可以用文字统一说明的问题，如工程上的土建概况，工程的设计范围，工程的类别，防火、防雷、防爆及负荷级别，电源概况，导线，自编图形符号，施工安装要求和注意事项等。

2. 弱电系统图

弱电系统图主要表示整个工程或其中某一项的信号传输之间的关系，有时也用来表示某一装置各主要组成部分间的信号联系。弱电系统图包括消防系统图、电视监控系统图、共用天线系统图、电话系统图、安防系统图、通信系统图等。

系统图用单线绘制，图中虚线所框的范围为一个配电箱或控制箱。各配电箱、控制箱应标明其标号及箱体的型号、规格。传输线路应用规定的文字符号标明导线的型号、截面、根数、敷设方式（如果是穿管敷设还要表明管材和管径）。对各支路部分标出其回路编号、设备名称、设备个数等。

弱电系统图只表示弱电系统回路中各元器件的连接关系，不表示元器件的具体情况、具体安装位置和具体接线方法。大型工程的每个配电箱、控制箱应单独绘制其系统图。一般工程设计，可将几个系统图绘制到一张图上，以便查阅。对小型工程或较简单的设计，可将系统图和平面图绘制在同一张图上。

3. 弱电平面图

弱电平面图是表示不同系统设备与线路平面位置的，是进行建筑弱电设备安装的重要依据。弱电平面图是决定设备、元件、装置和线路平面布局的图纸。弱电平面图包括总弱电系统平面图和各子系统弱电平面图。总弱电平面图是以建筑总平面图为基础，绘制出各子系统配线间、电缆线路、子系统设备等的具体位置，并注明有关施工方法的图纸。在有些总弱电平面图中还注明了建筑物的面积、弱电井位置等。弱电子系统平面图有消防系统平面图、安防系统平面图、通信系统平面图、建筑设备自动化系统平面图等。各子系统平面图是在建筑平面图的基础上绘制的，由于弱电平面图缩小的比例较大，因此不能表示弱电设备的具体位置，只能反映设备之间的相对位置关系。

4. 设备布置图

设备布置图主要表示各种电气设备平面与空间的位置、安装方式及其相互关系。设备布置图由平面图、立面图、断面图、剖面图及各种构建详图等组成，一般都是按照三面视图的原理绘制的，与机械工程图没有原则性区别。

5. 电路图

电路图又称电气原理图或原理接线图，是用图形符号并按工作顺序排列，详细表示电路、设备或成套装置的全部基本组成和连接关系，而不考虑其实际位置的一种简图。电路图主要用于设备的安装接线和调试，多数采用功能布局法绘制，由图能够看清整个系统的动作顺序，便于电气设备安装施工过程中的校验和调试。

6. 安装接线图

安装接线图又称大样图，表示某一设备内部各种电器元件之间位置关系和接线关系，用于设备安装、接线、设备检修。它是与电路图相对应的一种图。

7. 主要设备材料表及预算

设备材料表是把某一工程弱电系统所需主要设备、元件、材料和有关数据列成表格，表示其名称、符号、型号、规格、数量、备注等内容，应与图联系起来阅读。根据建筑弱电施工图编制的主要设备材料表和预算，应作为施工图设计文件提供给建设单位。

1.1.2 建筑弱电工程图的阅读方法

弱电系统图和平面图是弱电工程图的主要图纸，是编制工程造价和施工方案，进行安装施工和运行维修的重要依据之一。由于建筑弱电平面图涉及的知识面较宽，在阅读弱电系统图和平面图时，除要了解系统图和平面图的特点与绘制基本知识外，还要掌握一定的电工基本知识和施工基本知识。一套建筑弱电工程图包含很多内容，图纸也有很多张，一般应按照以下顺序依次阅读，必要时需相互对照参阅。具体的读图方法如下。

1. 标题栏和图纸目录的识读

了解工程名称、项目内容、设计日期等。

2. 设计说明的识读

了解工程总体概况及设计依据，了解图纸中未能表达清楚的有关事项，如线路敷设方式、设备安装方式、补充使用的非国标图形符号、施工时应注意的事项等。有些分享局部问题是在各分项工程的图纸上说明的，看分项工程图纸时，也要先看设计说明。

3. 弱电系统图的识图

各分项图纸中都包含系统图，如消防系统图、安防系统图、有线电视系统图以及其他弱电工程的系统图等。看系统图的目的是了解系统的基本组成，主要电气设备、元件等的连接关系及它们的规格、型号、参数等，掌握该系统的基本情况。

4. 电路图和接线图的识图

阅读电路图和接线图是为了了解系统中弱电设备的自动控制原理，用来指导设备的安装和控制系统的调试。因为电路多是采用功能布局法绘制的，看图时应该根据功能关系从上至下或从左至右逐个回路阅读，在进行控制系统的配线和调试工作中，还可以配合阅读接线图进行。

5. 平面布置图的识图

平面布置图是建筑弱电工程图纸中的重要图纸之一，是用来表示设备安装位置、线路敷设部位、敷设方法及所用电缆导线型号、规格、数量、管径大小的，是安装施工、编制工程预算的主要依据图纸，必须熟读。

6. 安装接线图的识图

安装接线图是按照机械制图方法绘制的用来详细表示设备安装方法的图纸，也是用来指导施工和编制工程材料计划的重要图纸。

7. 设备材料表的识读

设备材料表是提供该工程所使用的设备、材料的型号、规格和数量，编制购置主要设备、材料计划的重要依据之一。

总之，识读图纸的顺序没有统一的规定，可根据需要，灵活掌握，并有所侧重，在识读方法上，可采取先粗读、后细读、再精读的步骤。

粗读就是先将施工图从头到尾大概浏览一遍，主要了解工程的概况，做到心中有数。细读就是按照读图程序和要点仔细阅读每一张施工图，有时一张图需要阅读多遍。为更好地利用图纸指导施工，使安装质量符合要求，阅读图纸时，还应配合阅读有关施工及检验规范、质量检验评定标准以及全国通用弱电系统装置标准图集，以详细了解安装技术要求及具体安装方法等。精读就是将施工图中的关键部位及设备、贵重设备及元件、机房设施、复杂控制装置的施工图仔细阅读，系统掌握中心作业内容和施工图要求。

1.2 建筑电气工程图的一般规定

1.2.1 建筑工程图的格式与幅面尺寸

1. 图纸格式

一张图纸的完整图面是由边框线、图框线、标题栏、会签栏等组成的，其格式如图 1-1 所示。

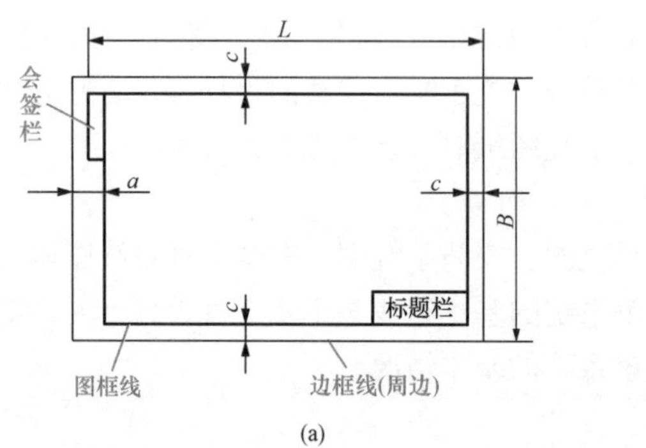

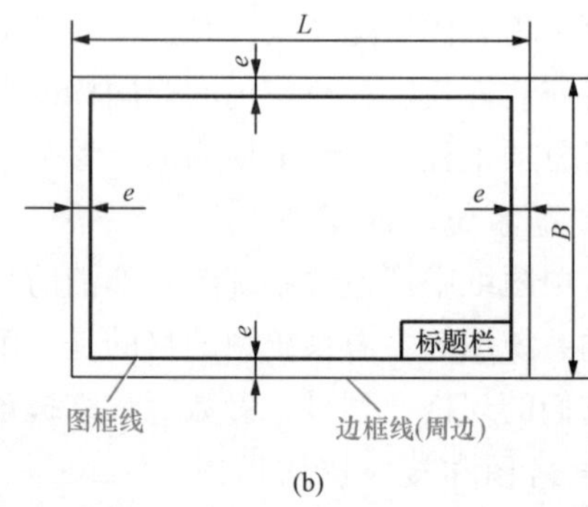

图 1-1 图纸格式示例
(a) 留装订边；(b) 不留装订边

2. 图纸幅面尺寸

由边框线所围成的图面，为图纸的幅面。幅面尺寸共分为 A0、A1、A2、A3 和 A4 五类，其尺寸见表 1-1。其中 A0、A1 和 A2 号图纸一般不可加长，A3 和 A4 号图纸可根据需要加长，加长后图纸幅面尺寸见表 1-2。

表 1-1 图纸的基本幅面尺寸 mm

幅面代号	A0	A1	A2	A3	A4
宽×长	841×1189	594×841	841×1189	297×420	210×297
留装订边边宽 *c*	10	10	10	5	6
不留装订边边宽 *e*	20	20	10	10	10
装订侧边宽 *a*			25		

表 1-2 加长后图纸幅面尺寸 mm

代号	尺寸	代号	尺寸
A3×3	420×891	A4×4	297×841
A3×4	420×1189	A4×5	297×1051
A4×3	297×630		

1.2.2 弱电施工工程图的标题栏和图幅分区

1. 标题栏

标题栏又称图标，它是用以确定图纸的名称、图号、张次、更改和有关人员签署内容的栏目，位于图纸的右下方。标题栏的格式，目前我国还没有统一规定，各设计单位标题栏格式可能不一样，常用的标题栏格式如图 1-2 所示。

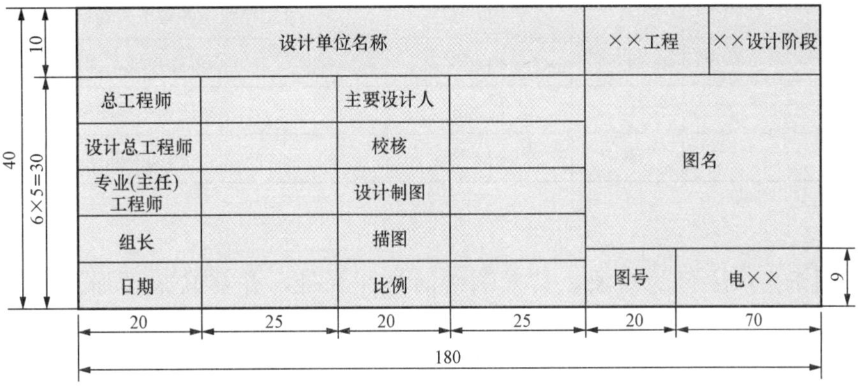

设计单位名称				××工程	××设计阶段
总工程师		主要设计人		图名	
设计总工程师		校核			
专业(主任)工程师		设计制图			
组长		描图			
日期		比例		图号	电××

图 1-2　常用的标题栏格式

2. 图幅分区

一些幅面较大、内容复杂的电气图，需要进行分区，以便于在读图或更改图的过程中，能迅速找到相应的部分。

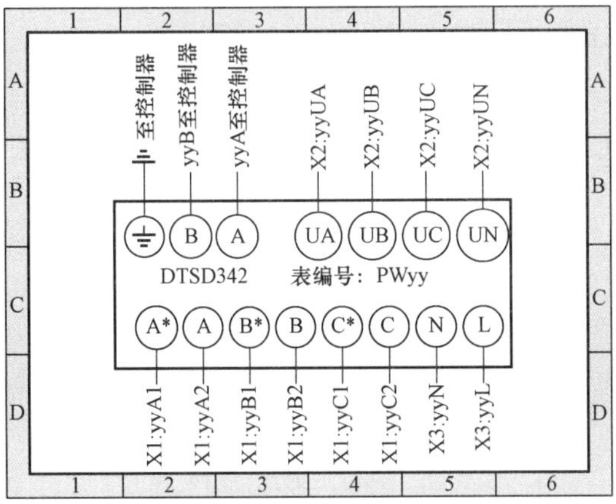

图幅分区的方法一般是将图纸相互垂直的两边各自加以等分。分区的数目视图的复杂程度而定，但要求每边必须为偶数，每一分区的长度在 25～75mm 之间。竖边方向分区代号用大写拉丁字母从上到下编号，横边方向分区代号用阿拉伯数字从左到右编号，如图 1-3 所示。这样，图纸上内容在图上位置可被唯一确定。

图 1-3　图幅分区示例

1.2.3　电气施工图的绘图要求

1. 绘图比例

大部分电气图都是采用图形符号绘制的，是不按比例的。但位置图即施工平面图、电气构建详图一般是按比例绘制的，且多用缩小比例绘制。通用的缩小比例系数为 1∶10、1∶20、1∶50、1∶100、1∶200、1∶500。最常用的缩小比例系数为 1∶100，即图纸上图线长度为 1，其实际长度为 100。

对于选用的比例应在标题栏比例一栏中注明。标注尺寸时，不论选用放大比例还是缩小比例，都必须是物体的实际尺寸。

2. 图线

绘制电气图所用各种线条称为图线。图线及其应用见表 1-3。

表 1-3　　图线及其应用

图线名称	图线形式	代号	图线宽度（mm）	电气图应用
粗实线	————	A	b=0.5～2	母线，总线，主电路图

续表

图线名称	图线形式	代号	图线宽度（mm）	电气图应用
细实线	————	B	约 $b/3$	可见导线，各种电气连接线，信号线
虚线	- - - - - - -	F	约 $b/3$	不可见导线，辅助线
细点划线	—·—·—	G	约 $b/3$	功能和结构图框线
双点划线	—··—	K	约 $b/3$	辅助图框线

3. 指引线

指引线用于指示注释的对象，其末端指向被注释处，并在其末端加注不同标记，如图 1 - 4所示。

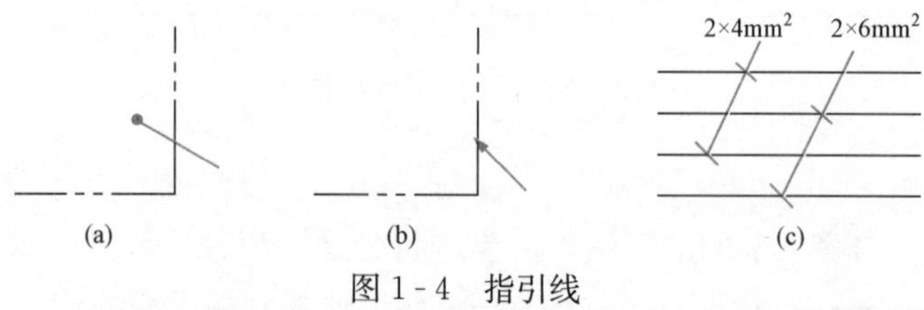

图 1 - 4　指引线

（a）末端在轮廓线内；（b）末端在轮廓线上；（c）末端在电路线上

4. 中断线

在弱电工程图中，为了简化制图，广泛使用中断线的表示方法，常用的表示方法如图 1 - 5、图 1 - 6 所示。

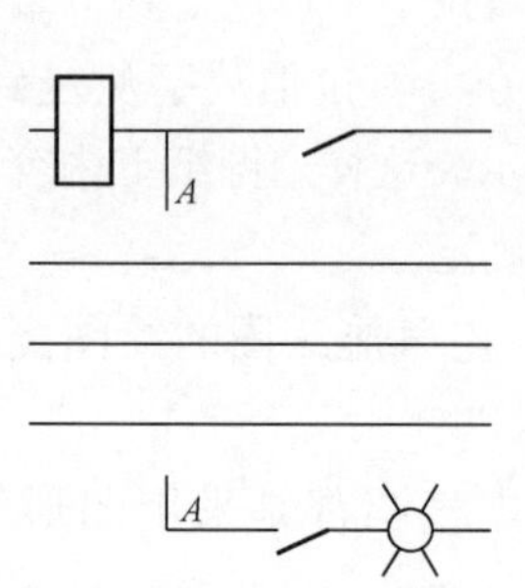

图 1 - 5　穿越图面的中断线

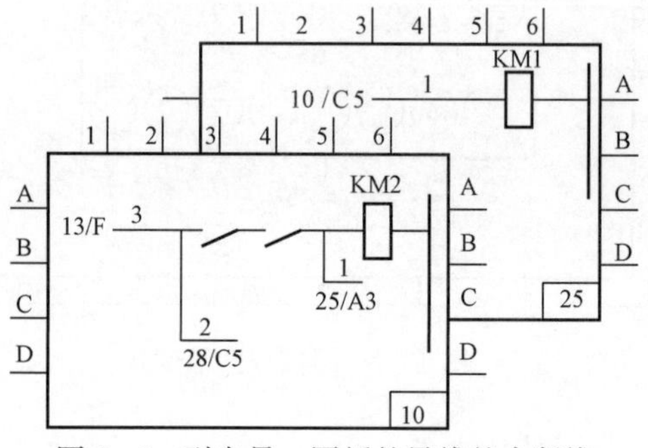

图 1 - 6　引向另一图纸的导线的中断线

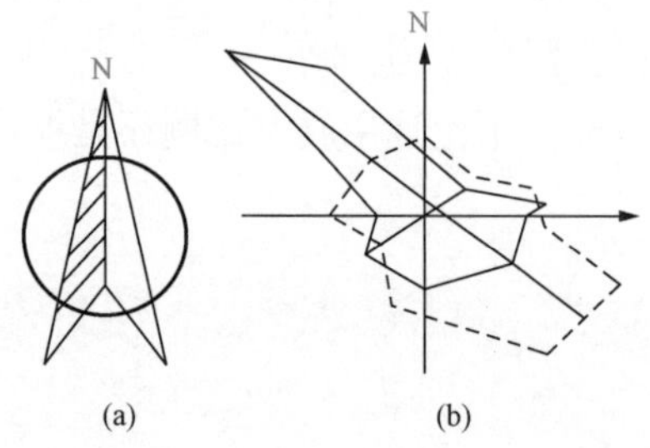

图 1 - 7　方向、风向频率标记

（a）方向标记；（b）风向频率标记

1.2.4　建筑图的特征标志

（1）方向、风向频率标记，如图 1 - 7 所示。

（2）安装标高，如图 1 - 8 所示。

（3）等高线，如图 1 - 9 所示。

（4）定位轴线：凡承重墙、柱、梁等承重构件的位置所画的轴线，称为定位轴线，如图 1 - 10所示。消防、安防和通信布置等弱电工程图通常是在建筑平面、断面图基础上完成的，在这类图纸上一般标建筑物定位轴线。

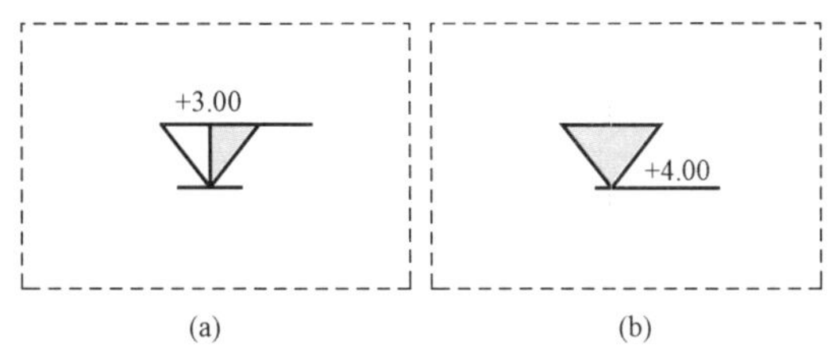

图 1-8 安装标高表示方法

（a）室内标高；（b）室外标高

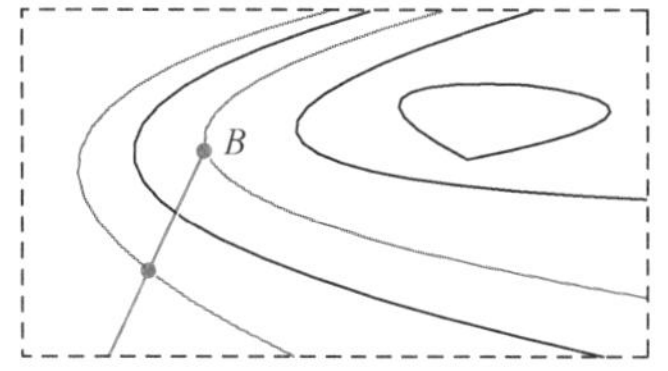

图 1-9 等高线的表示方法

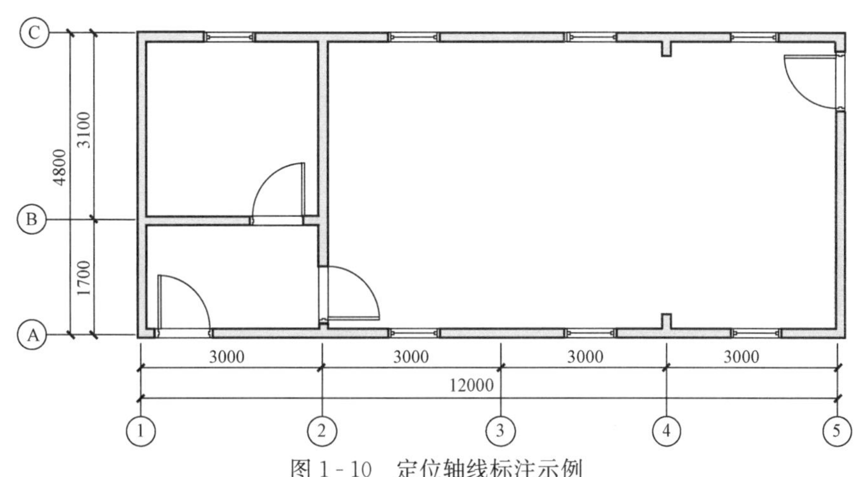

图 1-10 定位轴线标注示例

1.3 常见图形符号、文字符号、标注

1.3.1 建筑弱电工程图的图形符号

建筑弱电工程图的图形符号的种类很多，一般都画在弱电系统图、平面图、原理图和接线图上，用以标明弱电设备、装置、元器件和弱电线路在弱电系统中的位置、功能和作用。建筑弱电工程中，常用图形符号和常用电气图、平面图用图形符号详见附录 A～附录 C。

1.3.2 建筑弱电工程图的文字符号

建筑弱电工程图的文字符号分为基本文字符号和辅助文字符号两种。一般标注在弱电设备、装置、元器件图形符号上或其近旁，以表明弱电设备、装置和元器件的名称、功能、状态和特征。

1. 基本文字符号

基本文字符号分用单字母或多字母表示。用单字母或多字母表示各种电气设备、装置和元器件，如 HUB 表示集线器、FCS 表示火灾事故广播联动控制信号源。

2. 辅助文字符号

辅助文字符号用以表示电气设备、装置和元器件以及线路的功能、状态和特征。如 ON 表示开关闭合，RD 表示红色信号灯等。辅助文字符号也可放在表示种类的单字母符号后边，组合成双字母符号。

3. 补充文字符号

如果基本文字符号和辅助文字符号不够使用，还可进行补充。当区别电路图中相同设备或电器元件时，可使用数字序号进行编号，如“TV1”表示1号有线电视信号终端、“TO2”表示2号数据终端等。

1.3.3 弱电设备及线路的标注方法

弱电工程图中常用一些文字（包括汉语拼音字母、英文）和数字按照一定的格式书写，来表示弱电设备及线路的规格型号、标号、数量、安装方式、标高及位置等。这些标注方法在实际工程中用途很大，弱电设备及线路的标注方法必须熟练掌握。表1-4为线路敷设方式标注，表1-5为导线敷设部位标注，表1-6为线缆类型标注。

表1-4　　线路敷设方式标注

符号	敷设方式	符号	敷设方式
SC	穿焊接钢管敷设	KPC	穿塑料波纹电线管敷设
PC	穿硬塑料管敷设	DB	直接埋设
CT	电缆桥架敷设	MT	穿电线管敷设
PR	塑料线槽敷设	FPC	穿阻燃半硬聚氯乙烯管敷设
MR	金属线槽敷设	CP	穿金属软管敷设
M	用钢索敷设	TC	电缆沟敷设

表1-5　　导线敷设部位标注

符号	敷设部位	符号	敷设部位
AB	沿或跨梁敷设	CE	沿天棚或顶板面敷设
BC	暗敷在梁内	CC	暗敷设在屋面或顶板内
AC	沿或跨柱敷设	SCE	吊顶内敷设
CLE	沿柱敷设	FC	地板或地面下敷设
WE	沿墙面敷设	SR	沿钢索敷设
WC	暗敷设在墙内		

表1-6　　线缆类型标注

符　号	线缆类型
RV	铜芯聚氯乙烯绝缘连接软电缆（电线）
RVB	铜芯聚氯乙烯绝缘平形连接软电线
RVS	铜芯聚氯乙烯绝缘绞形连接软电线
RVV	铜芯聚氯乙烯绝缘聚氯乙烯护套圆形连接软电缆
RVVB	铜芯聚氯乙烯绝缘聚氯乙烯护套平形连接软电缆
RV-105	铜芯耐热105℃聚氯乙烯绝缘连接软电线

续表

符　号	线缆类型
RG	物理发泡聚乙烯绝缘电缆
SYKV（Y）	聚乙烯藕状射频同轴电缆
SYWV（Y）	物理发泡射频电缆
SYV	实芯聚乙烯绝缘射频同轴电缆
UTP	非屏蔽双绞线
HSYV	非屏蔽数字水平对绞电缆

通常在弱电系统图中，标注往往以字母数字组合方式给出，下面结合实例，对标注含义进行介绍：

（1）消防系统中 ZR-RVS 2×1.5 的含义：ZR—阻燃；RVS—铜芯聚氯乙烯绝缘绞形连接用软电线、对绞多股软线，简称双绞线，俗称麻花线；R—软线；V—聚氯乙烯（绝缘体）；S—双绞线；2×1.5—2 根线径为 1.5mm^2。这种线多用于消防火灾自动报警系统的探测器线路。

（2）有线电视系统中 SYV-75-5-SC15 的含义：SYV—视频线；75—阻抗为 75Ω；5—线材的粗细（mm）；SC15—直径为 15mm 的镀锌钢管。SYV-75-5-1（A、B、C）：S—射频；Y—聚乙烯绝缘；V—聚氯乙烯护套；A—64 编；B—96 编；C—128 编。

（3）UTP-6＋HPV-2×2×0.5-SC20 的含义：6 类非屏蔽双绞线和 2 根两芯 0.5mm^2 的电话线穿钢管，穿直径是 20mm 的钢管。

（4）HSYV-5 的含义：4 对 5 类非屏蔽数字水平对绞电缆。

HSYV-5E 的含义：超 5 类非屏蔽数字水平对绞电缆。

1.4　弱电系统常用线缆

1. 线缆

弱电系统中常用的线缆有同轴电缆、双绞线、多股软线等，图 1-11～图 1-24 为常用同轴电缆、网线、电话线的实物图。

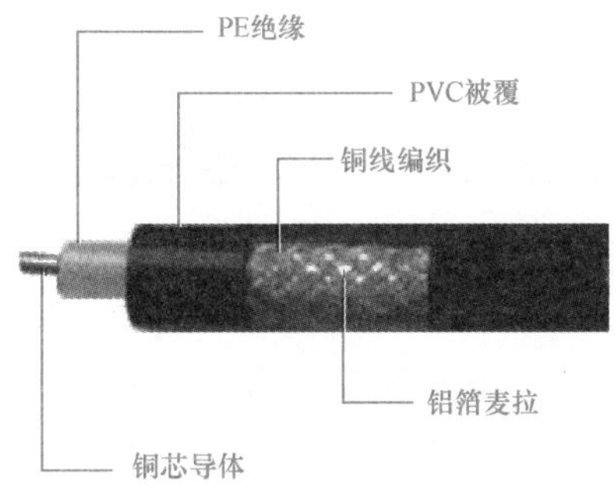

图 1-11　SYV 系列实芯聚乙烯绝缘

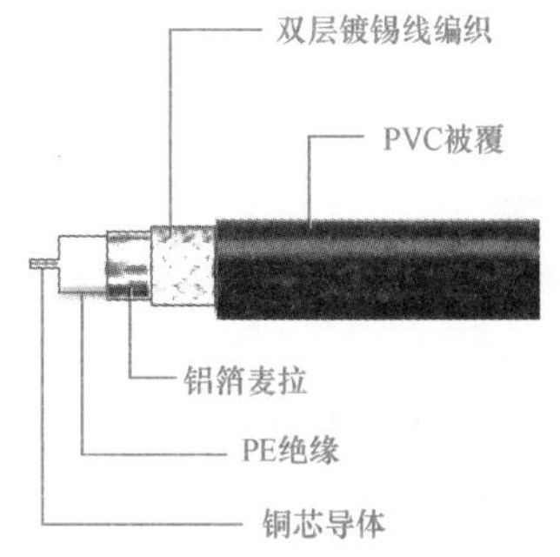

图 1-12　SYWV 系列物理发泡聚乙烯绝缘

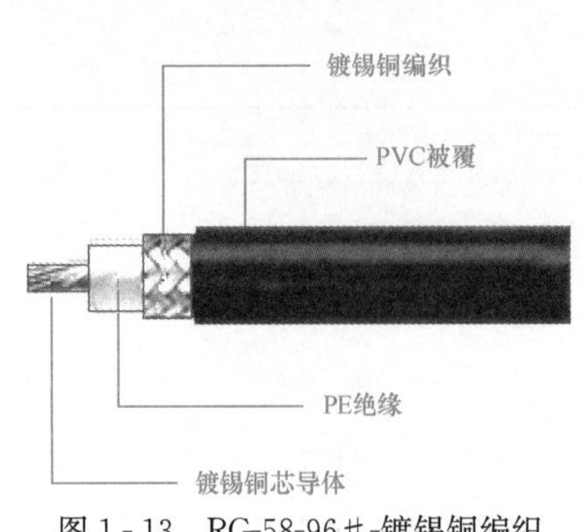

图 1 - 13　RG-58-96＃-镀锡铜编织

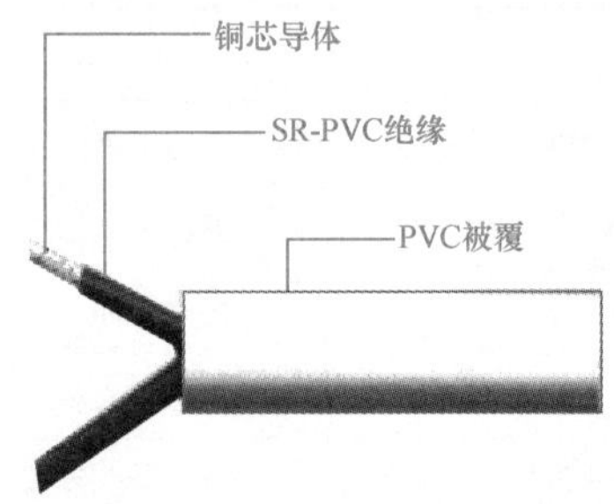

图 1 - 14　AVVR 或 RVV 护套线

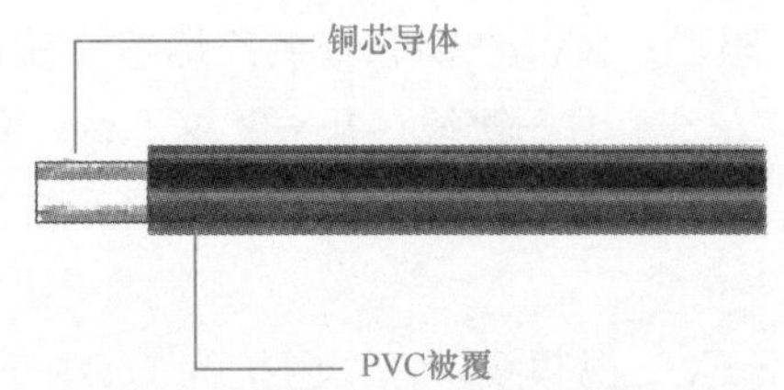

图 1 - 15　扁形无护套软电线或电缆 AVRB

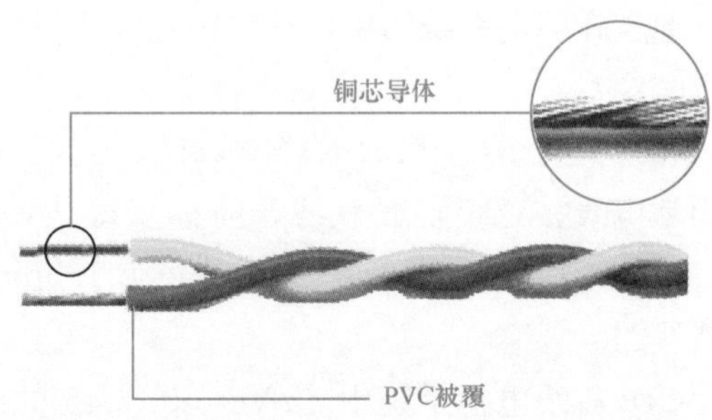

图 1 - 16　绞形双芯电源线（AVRS 或 RVS）

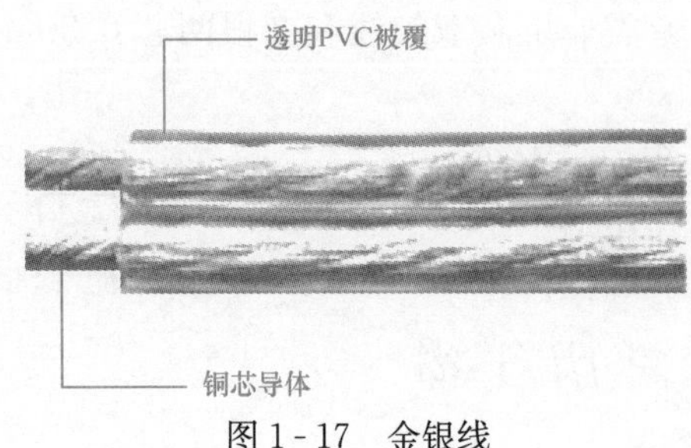

图 1 - 17　金银线

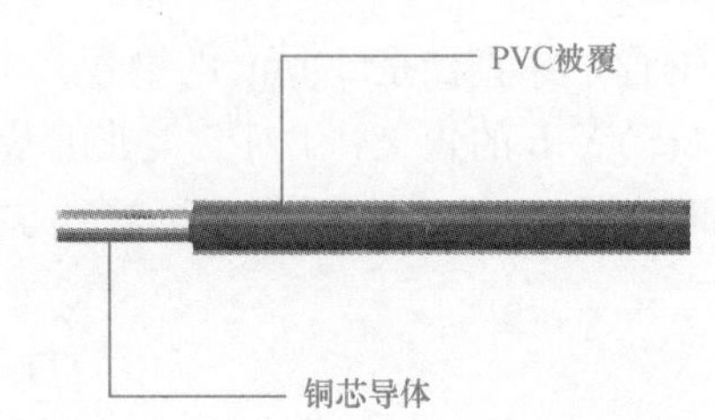

图 1 - 18　铜芯聚氯乙烯绝缘安装用电缆

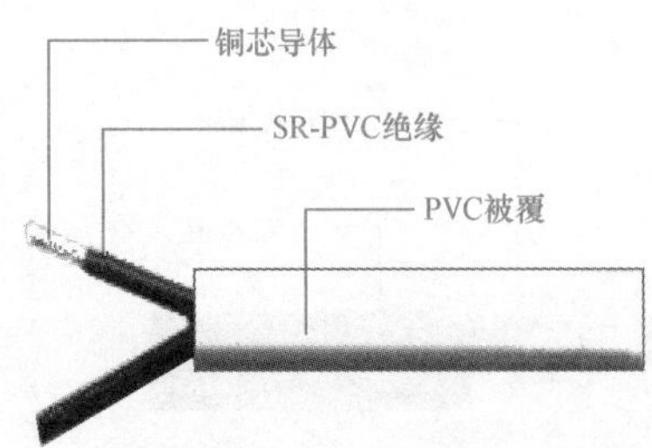

图 1 - 19　铜芯聚氯乙烯绝缘聚氯乙烯护套线

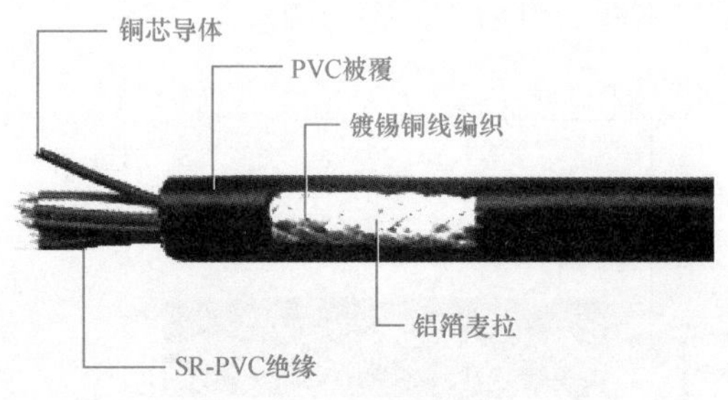

图 1 - 20　铜芯聚氯乙烯绝缘屏蔽聚氯乙烯护套线

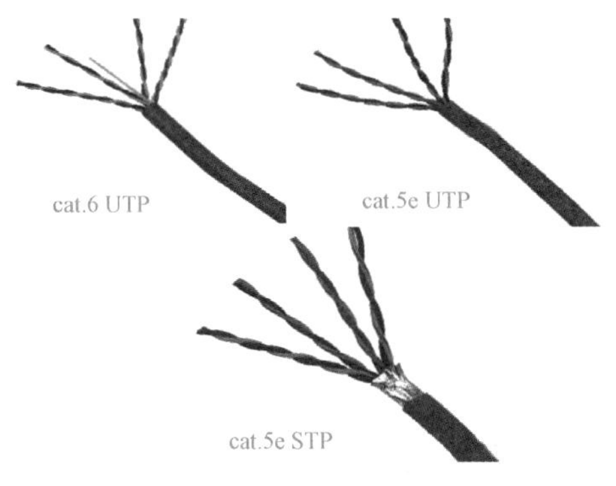

图 1-21 网线、网络线

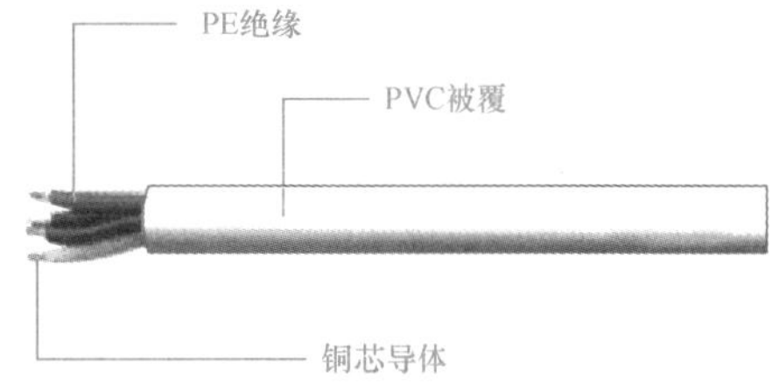

图 1-22 4×1/0.5 电话线

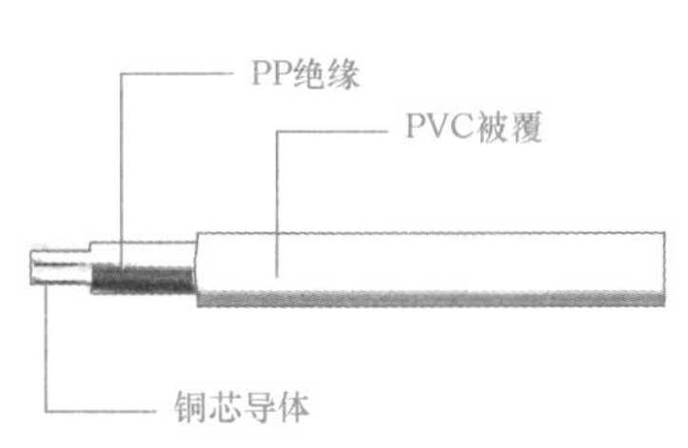

图 1-23 2×1/0.5 电话线

图 1-24 AV 线

说明：75ΩSYV 系列实芯聚乙烯绝缘通常用于电视监控系统的视频传输，适合视频图像传输；75ΩSYWV 系列物理发泡聚乙烯绝缘通常用于卫星电视传输以及有线电视传输等，适合射频传输；RG-58-96♯，镀锡铜编织，50Ω，通常用于弱电视频图像传输或 HFC 网络等；AVVR 或 RVV 护套线通常用于弱电电源供电等；扁形无护套软电线或电缆 AVRB 通常用于背景音乐和公共广播，也可用作弱电供电电源线；绞形双芯电源线（AVRS 或 RVS）通常用于公共广播系统/背景音乐系统布线、消防系统布线；金银线（也叫音箱线），用于功率放大机输出至音箱的接线；铜芯聚氯乙烯绝缘安装用电缆用作弱电供电电源线，一般适合用于供电电流较大的主干电源供电；铜芯聚氯乙烯绝缘聚氯乙烯护套线通常用作弱电系统中供电电源线；铜芯聚氯乙烯绝缘屏蔽聚氯乙烯护套线，带屏蔽型，通常用于弱电信号控制及信号传输，可防止干扰，有多芯可供选择，如 RVVP2×线径、RVVP3×线径、RVVP5×线径等；计算机网络线，有 5 类、6 类之分，有屏蔽与不屏蔽之分；4×1/0.5 电话线适用于室内外电话安装用线；2×1/0.5 电话线适于作室内外电话安装用线；AV 线（也叫音视频线）用于音响设备、家用影视设备音频和视频信号连接。

2. 光纤光缆

光纤光缆具有传输损耗低、速率高、频带宽、无电磁干扰、保密性强、尺寸小、质量轻等显著特点，是信息高速公路的主干。光纤光缆的基本结构如图 1-25 所示。

通信常用光纤用途及特性见表 1-7。

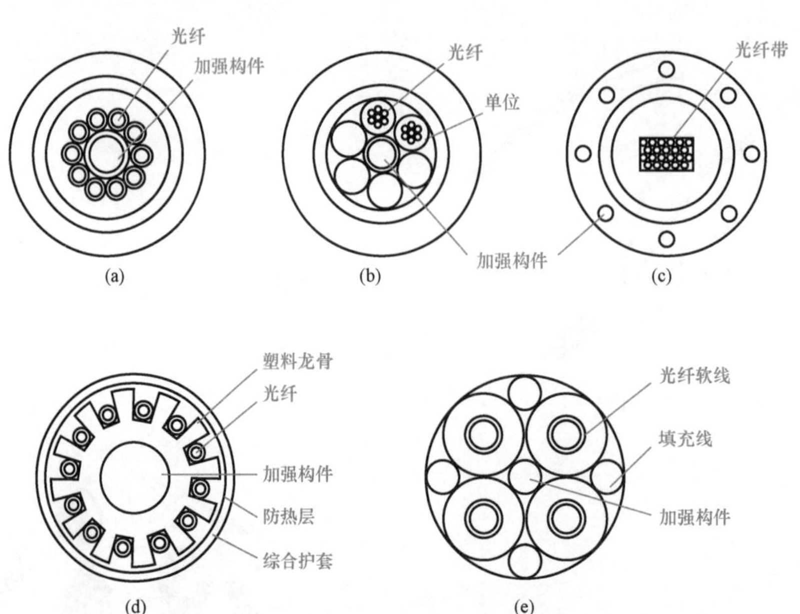

图 1-25　光纤光缆的基本结构

(a) 层绞式；(b) 单位式；(c) 带状；(d) 骨架式；(e) 软线式

表 1-7　　通信常用光纤用途及特性

种类		特性	用途	尺寸和特性					
				芯径 (μm)	包层直径 (μm)	损耗 (dB/km)	传输带宽 (MHz·km)	波长 (μm)	数值孔径 (N·A)
石英	多模突变光纤	传输损耗大	小容量，短距离，低速数据传输	50～100	125～150	3～4	200～1000	0.85	0.17～0.26
石英	多模渐变光纤	损耗较小，频带较宽	中小容量，中距离，高速数据传输	50 (1±6%)	125 (1±2.4%)	0.8～3	200～1200	1.30	0.17～0.25
	单模光纤	损耗小，频带宽	大、中、小容量，长距离通信	(9～10)×(1±10%)	125×(1±2.4%)	0.4～0.7 0.2～0.5	几吉赫兹至几十赫兹	1.30 1.55	≤6

光纤作为 POS（弱电系统）的传输介质，从其传输特性［即数据率、带宽、损耗（随距离变化而不同）］看是最理想的，但成本太高，不仅仅每米光纤的价格比 UTP（非屏蔽双绞线）高出 10 倍以上，光纤的接插件价格更比 UTP 高许多。

1.5 导线敷设方式

导线的敷设方式分为明敷设及暗敷设两种。两者是以线路在敷设以后，能否被人们用肉眼直接观察到而区分。布线方式的确定，主要取决于建筑物的环境特征。

1. 明敷设

明敷设指导线直接或者在管子、线槽等保护体内，敷设于墙壁、顶棚、地坪及楼板等内部，或者在混凝土板孔内敷线。

2. 暗敷设

敷设在墙内、地板内或建筑物顶棚内的布线称为暗敷设，通常是先预埋管子，以后再向管内穿线。

第2章

消防系统图识读

2.1 概述

2.1.1 消防系统基础知识

1. 建筑物防火级别

根据我国政府相关部门的有关规定，建筑物根据其性质、火灾危险程度、疏散和救火难度等因素，把建筑物的防火分为两大类。

（1）一类防火建筑。楼层在19层及以上的普通住宅，建筑高度超过24m的高级住宅、医院、百货大楼、广播大楼、高级宾馆，以及主要的办公大楼、科研大楼、图书馆、档案馆等都属于一类防火建筑。

（2）二类防火建筑。10～18层的普通住宅，建筑高度超过24m，但又不超过50m的教学大楼、办公大楼、科研大楼、图书馆等建筑物都属于二类防火建筑。

由于建筑物的多样性、防火对象的多样性以及形成火灾的不同场合及特点，自然要求设置多种消防系统和报警装置。火灾报警及消防自动控制系统的主要任务是采用计算机对整个大楼内多而散的建筑设备实行测量、监视和自动控制，各子系统之间可以互通信息，也可独立工作，实现最优化的管理。

2. 消防系统工作原理

消防系统的工作原理是由探测器不断向监视现场发生检测信号，监视烟雾浓度、温度、火焰等火灾信号，并将探测到的信号不断送至火灾报警器。报警器将代表烟雾浓度、温度数值及火焰状况的电信号与报警器内存储的现场正常整定值进行比较，判断并确定火灾的程度。当确认发生火灾时，在报警器上发出声光报警，显示火灾发生的区域和地址编码并打印出报警时间、地址等信息，同时，向火灾现场发出声光报警信号。值班人员打开火灾应急广播，通知火灾发生层及相邻两层人员疏散，各出入口应急疏散指示灯亮，指示疏散路线。为防止探测器或火警线路发生故障，现场人员在发现火灾时，也可手动启动报警按钮或通过火警对讲电话直接向消防控制室报警。

在火灾报警器发生报警信号的同时，火警控制器可实现手动/自动控制消防设备，如关闭风机、防火阀、非消防电源、防火卷帘门，迫降消防电梯；开启防烟、排烟（含正压送风机）风机和排烟阀；打开消防泵，显示水流指示器、报警阀、闸阀的工作状态等。以上控制均有反馈信号到火警控制器上。

消防系统主要分为两大部分：一部分为感应机构，即火灾自动报警系统；另一部分为执行机构，即灭火及联动控制系统。

火灾自动报警系统由探测器、手动报警按钮、报警器和警报器等构成，用于监测火情并及时报警。

灭火系统的灭火方式分为液体灭火和气体灭火两种，常用的为液体灭火式，如目前国内经常使用的消火栓灭火系统和自动喷水灭火系统，其中自动喷水灭火系统类型较多。无论哪种灭火方式，其作用都是：当接到火警信号后应执行灭火任务。

联动控制系统包括火灾事故照明及疏散指示标志、消防专用通信系统及防排烟设施等，均是为火灾发生时人员较好地疏散、减少伤亡所设。

综上所述，消防系统的主要功能是：自动捕捉火灾探测区域内火灾发生时的烟雾或热气，从而发出声光报警并控制自动灭火系统，同时联动其他设备的输出触点，控制事故照明及疏散标记、事故广播及通信、消防给水和防排烟设施，以实现监测、报警灭火的自动化。

图 2-1 所示为火灾自动报警控制系统原理框图。

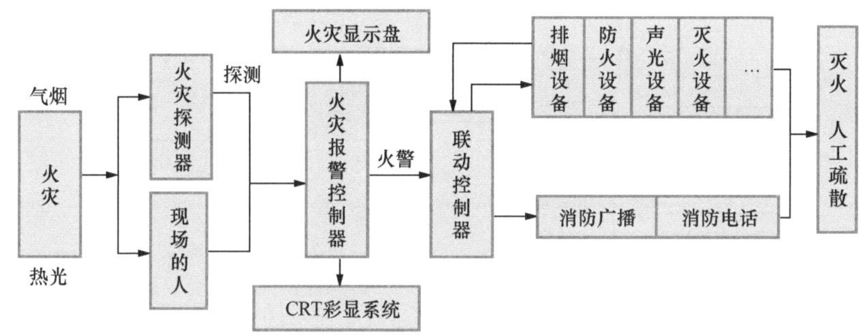

图 2-1　火灾自动报警控制系统原理框图

2.1.2　消防系统分类

按警戒区域大小，消防系统可分为以下几类。

1. 区域报警系统

区域报警系统一般由火灾探测器、手动报警按钮、区域火灾报警控制器和报警装置等组成。这种系统比较简单，应用广泛，可在某一区域范围内单独使用，也可应用在集中报警控制系统中，它将各种报警信号输送至集中报警控制器。图 2-2所示为区域报警系统示意图。

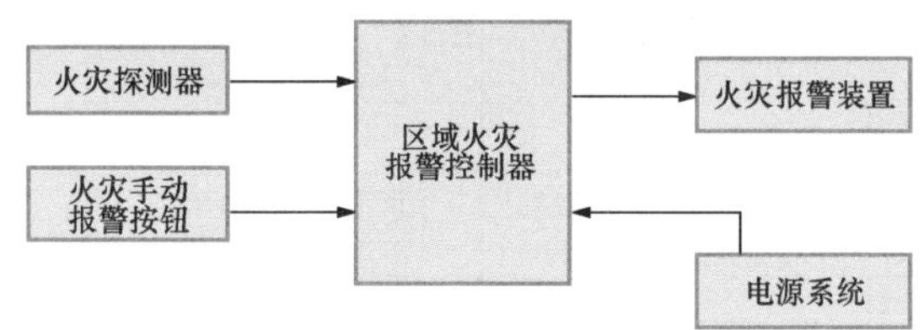

图 2-2　区域报警系统示意图

单独使用的区域报警系统，一个报警系统应设置 1 台报警控制器，必要时可设置 2 台，最多不能超过 3 台。多于 3 台时，应采用集中报警系统。一台区域报警控制器监控多个楼层时，每个楼层楼梯口明显的地方应设置识别报警楼层的灯光显示装置，以便于火灾发生时迅速扑救。区域报警控制器应设在有人值班的地方，确有困难时，也应装设在经常有值班管理人员巡逻的地方。

2. 集中报警系统

集中报警系统由集中报警控制器、区域报警控制器和火灾探测器等组成，一般有 1 台集中报警控制器和 2 台以上的区域报警控制器。

集中报警系统中的集中报警控制器接收来自区域报警系统中报警信号，用声、光及数字显示火灾发生的区域和地址，它是整个报警系统的“指挥中心”，同时控制消防联动设备。

集中报警控制器应装设在有人值班的房间或消防控制室。值班人员应经过当地公安消防部门的培训后，持证上岗。

图 2-3 所示为集中报警系统组成框图。图 2-4 所示为大型火灾报警系统组成框图。

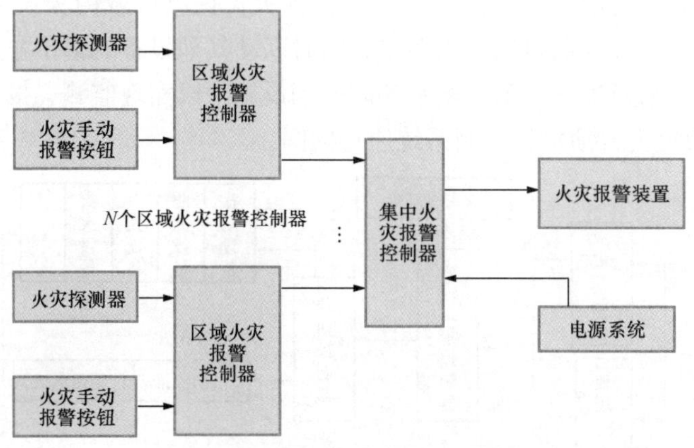

图 2-3 集中报警系统组成框图

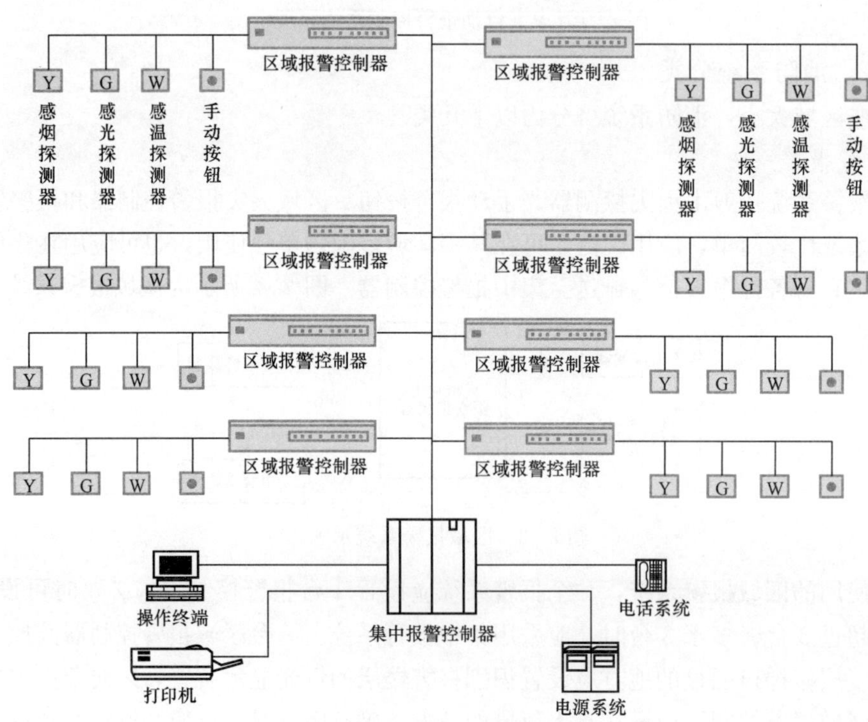

图 2-4 大型火灾报警系统组成框图

3. 消防控制中心报警系统

消防控制中心报警系统由设置在消防控制室的消防控制设备、集中报警控制器、区域报警控制器和火灾探测器等组成，也就是集中报警控制系统，再加上联动消防设备如火灾报警装置、火灾报警电话、火灾事故广播、火灾事故照明、防排烟设施、通风空调设备和消防电梯等。

图 2-5 所示为消防控制中心报警系统组成框图。

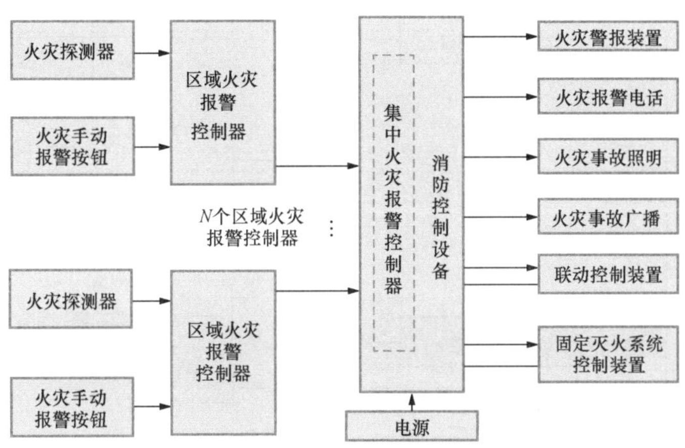

图 2-5　消防控制中心报警系统组成框图

2.2　火灾探测器

2.2.1　火灾探测器的分类

火灾探测器是组成各种火灾报警系统的重要器件，是系统的“感觉器官”，其作用是在火灾初期阶段，将探测到的烟雾、高温、火光及可燃性气体等参数转换为电信号，传送到火灾报警控制器进行早期报警。

火灾现场的情况千差万别，火灾探测器的种类也非常多。一般按火灾现场的探测参数可分为感烟、感温、感光、可燃气体探测器四种基本类型及上述两个或两个以上参数的复合探测器，其中，感烟探测器应用最为广泛；按感应元件的结构可分点型探测器和线型探测器；按操作后是否能复位可分为可复位探测器和不可复位探测器。

常用的火灾探测器的分类如图 2-6 所示。

1. 感烟火灾探测器

感烟火灾探测器对警戒范围内的火灾烟雾浓度的变化作出响应，是实现早期报警的主要手段，主要用于探测火灾初期和阴燃阶段的烟雾。

离子式感烟火灾探测器能及时探测火灾初期火灾烟雾，报警功能较好。火灾初期，当燃烧产生的烟雾达到一定浓度时，探测器立即响应，输出电信号。

光电感烟火灾探测器对光电敏感，又分为遮光式和散射光式两种，散射光式应用较为广泛。

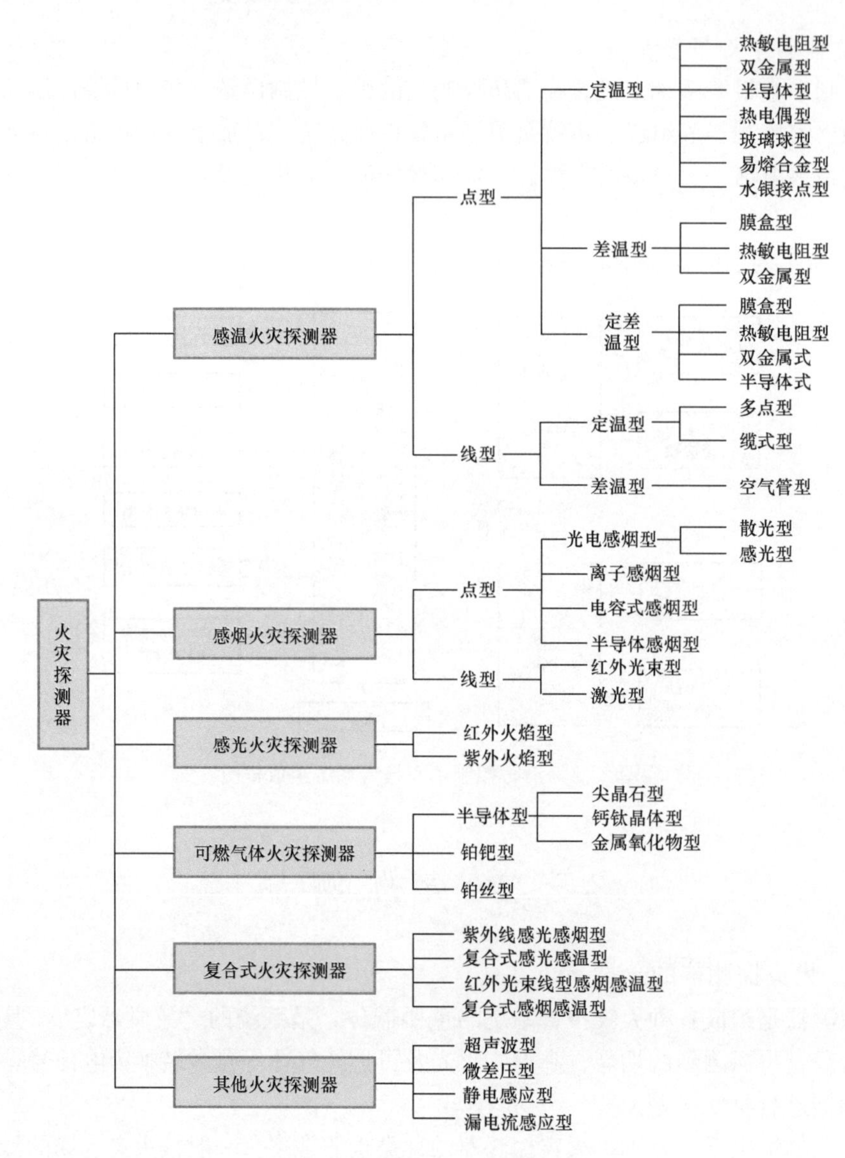

图 2-6 常用的火灾探测器分类

2. 感温火灾探测器

感温火灾探测器对警戒范围内的异常高温或（和）升温速率作出响应，报警灵敏度低、报警时间迟，可在风速大、多灰尘、潮湿等恶劣环境中使用。

定温火灾探测器的温度敏感元件是双金属片，火灾发生时，环境温度升高到规定值时，双金属片发生变形，接通电极，输出电信号。定温火灾探测器适用于温度上升缓慢的场合。

差温火灾探测器分为电子式和机械式。其原理为：火灾发生时，温度升高，当温差达到规定值时，发出报警信号。与定温感烟火灾探测器相比较，差温火灾探测器灵敏度高、可靠性高、受环境变化影响小。

3. 感光火灾探测器

感光火灾探测器对警戒范围内火灾火焰光谱中的紫外线或红外线作出响应，又称为火焰探测器，有红外火焰探测器和紫外火焰探测器两种。红外火焰火灾探测器能对任何一种含碳物质燃烧时产生的火焰作出反应，对一般光源和红外辐射没有反应。紫外火焰火灾探测器能适用于微小火焰发生的场合，灵敏度高，对火焰反应快，抗干扰能力强。

4. 可燃气体火灾探测器

可燃气体火灾探测器对火灾早期阶段的可燃气体作出响应，当其保护范围内的空气中可燃气体含量、浓度超过一定值时，发出报警信号。

5. 复合式火灾探测器

同时具有两种或两种以上探测传感功能的火灾探测器称为复合式火灾探测器。复合火灾探测器适用于多种火灾发生的情况，能更有效地探测火情。

图2-7～图2-12所示为几种火灾探测器的结构。

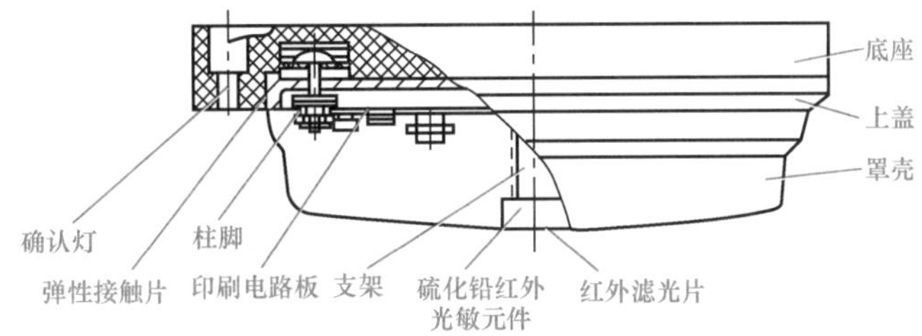

图2-7　红外火焰火灾探测器结构示意图

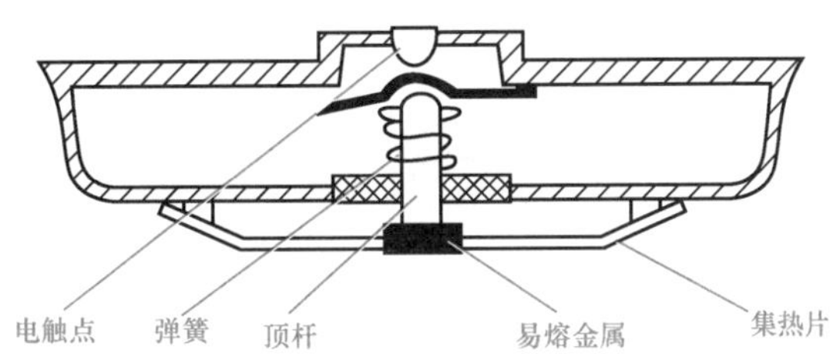

图2-8　易熔金属定温火灾探测器

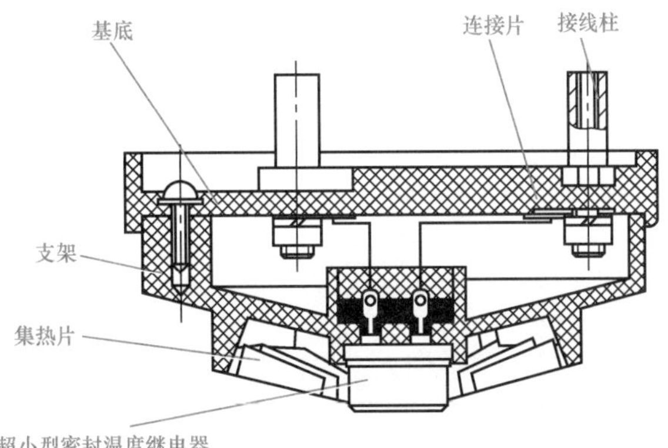

图2-9　点型定温火灾探测器示意图

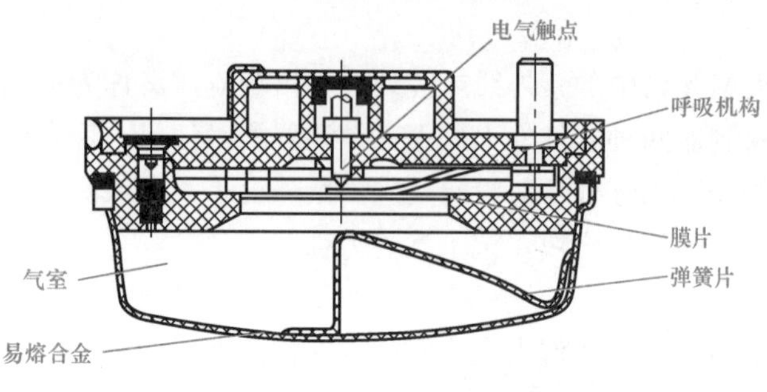

图 2-10　差温探头结构示意图

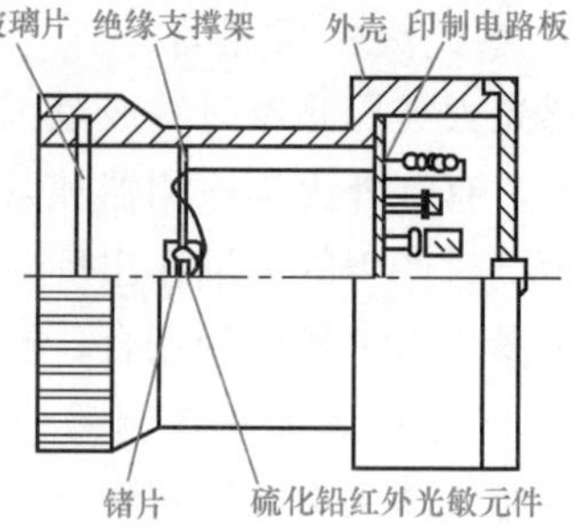

图 2-11　红外感光火灾探测器结构示意图

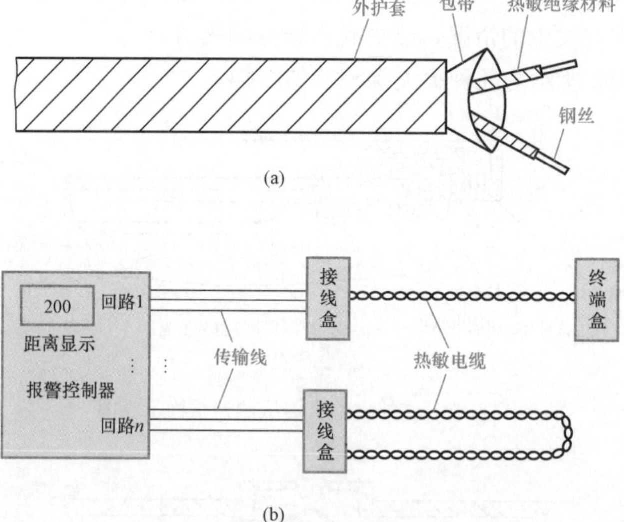

图 2-12　缆式线型感温火灾探测器结构示意图
(a) 外形示意图；(b) 接线图

2.2.2　火灾探测器的选择

火灾探测器的选用原则如下：

(1) 火灾初期有阴燃阶段，产生大量的烟和少量的热，很少或没有火焰辐射，应选用感烟火灾探测器。

(2) 火灾发展迅速，有强烈的火焰辐射和少量的热、烟，应选用感光火灾探测器。

(3) 火灾发展迅速，产生大量的热、烟和辐射，应选用感温、感烟及火焰探测器的组合即复合式火灾探测器。

(4) 若火灾形成的特点不可预料，应进行模拟试验，根据试验结果选用适当的探测器。这里需进一步说明其种类选择范围。

1) 下列场所宜选用光电和离子感烟火灾探测器：电子计算机房、电梯机房、通信机房、楼梯、走廊，办公楼、饭店、教学楼的厅堂、办公室、卧室等，有电气火灾危险性的场所、书库、档案库、电影或电视放映室等。

2) 有下列情况的场所不宜选用光电感烟火灾探测器：存在高频电磁干扰；在正常情况

下有烟滞流；可能产生黑烟；可能产生蒸气和油雾；大量积聚粉尘。

3）有下列情况的场所不宜选用离子感烟火灾探测器：产生醇类、醚类、酮类等有机物质；可能产生腐蚀性气体；有大量粉尘、水雾滞留；相对湿度长期大于95%；在正常情况下有烟滞留；气流速度大于5m/s。

4）有下列情况的场所宜选用感光火灾探测器：需要对火焰作出快速反应；无阴燃阶段的火灾；火灾时有强烈的火焰辐射。

5）有下列情况的场所不宜选用感光火灾探测器：在正常情况下有明火作业以及X射线、弧光等影响；探测器的视线易被遮挡；在火焰出现前有浓烟扩散；可能发生无焰火灾；探测器的镜头易被污染；探测器易受阳光或其他光源直接或间接照射。

6）有下列情况的场所宜选用感温火灾探测器：可能发生无烟火灾；在正常情况下有烟和蒸气滞留；吸烟室、小会议室、烘干车间、茶炉房、发电机房、锅炉房、厨房、汽车库等；其他不宜安装感烟探测器的厅堂和公共场所；相对湿度经常高于95%以上；有大量粉尘等。

7）在散发可燃气体和可燃蒸气的场所（如高压聚乙烯、合成甲醇装置等的泵房、阀门间法兰盘、合成酒精装置、裂解汽油装置、乙烯装置），宜选用可燃气体火灾探测器。

2.3 火灾报警控制器

2.3.1 火灾报警控制器的作用

火灾报警控制器是建筑消防系统的核心部分，其作用是：

（1）火灾报警。接受和处理从火灾探测器传来的报警信号，确认是火灾时，立即发出声、光报警信号并指示报警部位、时间等；经过适当的延时，启动自动灭火设备。

（2）故障报警。火灾报警控制器能对火灾探测器及系统的重要线路和器件的工作状态进行自动监测，以保障系统能安全可靠地长期连续运行。出现故障时，控制器能及时发出故障报警的声、光信号，并指示故障部位。故障报警信号能区别于火灾报警信号，以便采取不同的措施。如火灾报警信号采用红色信号灯，故障报警信号采用黄色信号灯。在有故障报警时，若接收到火灾报警信号，系统能自动切换到火灾报警状态，即火灾报警优先于故障报警。

（3）火灾报警记忆。当火灾报警控制器接收到火灾报警的故障报警信号时，能记忆报警地址与时间，为日后分析火灾事故原因时提供准确资料。火灾或事故信号消失后，记忆也不会消失。

（4）为火灾探测器提供稳定的工作电源。

2.3.2 火灾报警控制器的类型

1. 手动火灾报警控制器

手动火灾报警控制器适合于人流较大的通道、仓库及风速、温度、湿度变化很大而自动报警控制器不适合的场合，有壁挂式和嵌入式两种。

2. 区域火灾报警控制器

区域火灾报警控制器接收火灾探测器或中继器发来的报警信号，并将其转换为声、光报警信号；为探测器提供24V直流稳压电源，向集中报警控制器输出火灾报警信号，并备有操作其他设备的输出触点。区域报警控制器上还设有计时单元，能记忆第一次报警时间；设有故障自动监测电路，有故障发生时，能发出故障报警信号。

区域火灾报警控制器有壁挂式、台式和柜式三种。

3. 集中火灾报警控制器

集中火灾报警控制器接收区域火灾报警控制器发来的报警信号，并将其转换成声、光信号由荧光数码管以数字形式显示火灾发生区域。火灾区域的确定由巡检单元完成。

4. 通用火灾报警控制器

通用火灾报警控制器可与探测器组成小范围的独立系统，也可作为大型集中报警区的一个区域报警控制器，适合于各种小型建筑工程。

2.4 消防灭火系统

2.4.1 灭火的基本方法

1. 化学抑制法

将灭火剂二氧化碳、卤代烷等放到燃烧区上，就可以起到中断燃烧的化学连锁反应，达到灭火的目的。

2. 冷却法

将水喷到燃烧物上，通过吸热使温度降低到燃点以下，火随之熄灭。

3. 窒息法

窒息法是阻止空气流入燃烧区域，即将泡沫喷射到燃烧液体上，将火窒息；或用不燃物质进行隔离，如用石棉布、浸水棉被覆盖在燃烧物上。

2.4.2 室内消火栓灭火系统

1. 系统简介

采用消火栓灭火是最常用的灭火方式，室内消火栓灭火系统由生活水池、加压送水装置（水泵）及室内消火栓等主要设备构成，如图2-13所示。这些设备的电气控制包括水池的水位控制、消防用水和加压水泵的启动。水位控制应能显示出水位的变化情况和高、低水位报警及控制水泵的开停。室内消火栓系统由水枪、水龙带、消火栓、消防管道等组成。为保证喷水枪在灭火时具有足够的水压，需要采用加压设备。常用的加压设备有两种：消防水泵和气压给水装置。采用消防水泵时，在每个消火栓内设置消防按钮，灭火时用小锤击碎按钮上的玻璃小窗，按钮不受压而复位，从而通过控制电路启动消防水泵，水压增高后，灭火水管有水，用水枪喷水灭火。采用气压给水装置时，由于采用了气压水罐，并以气水分离器来保证供水压力，所以水泵功率较小。可采用电触点压力表，通过测量供水压力来控制水泵的启动。

2. 室内消防水泵的控制方法

（1）由消防按钮控制消防水泵的启停。

（2）水流报警启动器控制消防水泵启停。

（3）中心发出主令信号控制消防泵启停。

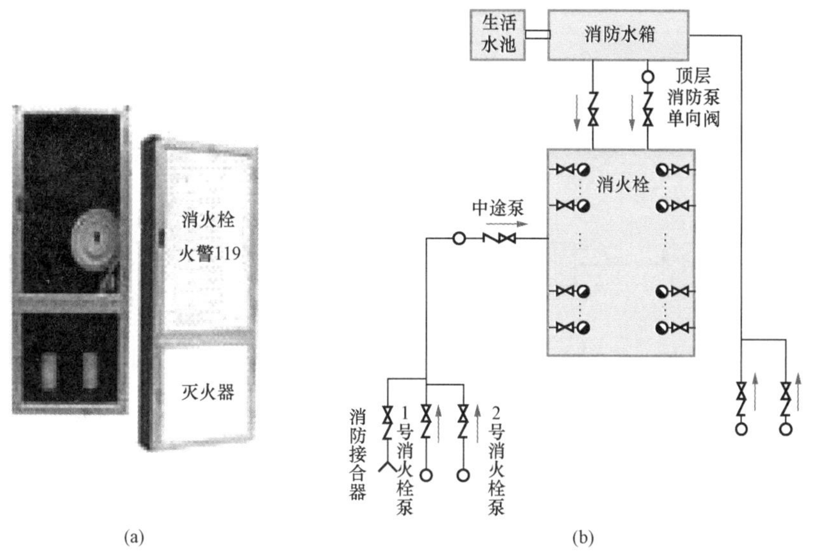

图 2-13　室内消火栓灭火系统

(a) 消火栓实物图；(b) 消火栓灭火过程简图

3. 消火栓灭火系统的控制要求

(1) 选用打碎玻璃启动的按钮。

(2) 消防按钮启动后，消火栓泵应自动投入运行。

(3) 防止消防泵误启动使水压过高而导致管网爆裂，需加设管网压力监视保护。

(4) 消火栓工作泵发生自动投入故障需要强投时，备用泵自动投入运行，也可以手动强投。

(5) 泵房应设有检修用开关和启动/停止按钮，检修时将检修开关接通，切断消火栓泵的控制回路以确保维修安全，并设有开关信号灯。

2.4.3　自动喷水灭火系统

1. 基本功能

(1) 火灾发生后，自动地进行喷水灭火。

(2) 能在喷水灭火的同时发出警报。

2. 湿式自动喷水灭火系统

湿式自动喷水灭火系统属于固定式灭火系统，是最安全可靠的灭火装置，适用于温度不低于 4℃（低于 4℃时受冻）和不高于 70℃的场所。

湿式自动喷水灭火系统由喷头、报警止回阀、延迟器、水力警铃、压力开关（安在干管上）、水流指示器、管道系统、供水设施、报警装置及控制盘等组成。

湿式自动喷水灭火系统动作程序如图 2-14 所示。

当发生火灾，温度达到动作值时，喷头内玻璃球式温敏元件炸裂，密封垫脱开，喷头喷水，报警阀自动开启后，流动的消防水使水流指示器桨片摆动，带动其电触点动作，火灾报警器接到该信号后，发出指令启动报警系统或启动消防水泵等电气设备，并可显示火灾发生区域。通过消防控制室启动水泵供水灭火，保证喷头有水喷出。

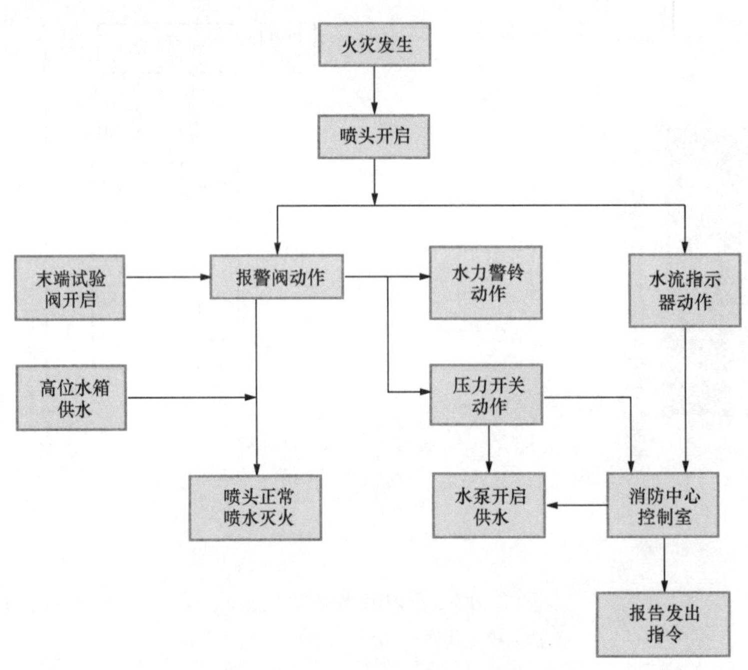

图 2-14　湿式自动喷水灭火系统动作程序

2.5　联动控制设备

根据报警位置、自动喷水灭火系统以及防排烟设备的设置情况，联动控制设备应具有以下功能：

(1) 消火栓水泵的启、停控制；工作或故障状态的显示；指示消火栓水泵启动按钮的位置。

(2) 自动喷水灭火系统的控制；工作或故障状态的显示；发出报警信号的水流指示器和报阀的位置显示。

(3) 接收到火灾报警信号后，停止相关部位的空调机、送风机，关闭管道上的防火阀，接受被控制设备动作的反馈信号。

(4) 启动防排烟系统，接受被控制设备动作的反馈信号。

(5) 火灾确认后，关闭相关部位的电动防火门和防火卷帘门，并接受反馈信号。防火卷帘门通常采用两段控制，接到报警信号后，卷帘门先下降到距地面 1.8m 处，经一段延时后，再下降到底。防火卷帘门两侧应安装手动控制按钮，以便于现场控制。

(6) 向电梯控制屏发出信号并强制全部的电梯降至底层，除消防电梯处于待命状态外，其余电梯停止使用；同时接受反馈信号。

(7) 切断相关部位的非消防电源，接通火灾事故照明和疏散指示灯。

(8) 按疏散顺序接通火灾事故广播系统，以便及时指挥和组织人员疏散。

主要消防控制设备有手动报警器，水流指示器，声、光报警器和消防通信系统等。

图 2-15 所示为火灾自动报警及消防联动控制系统相互联系示意图。

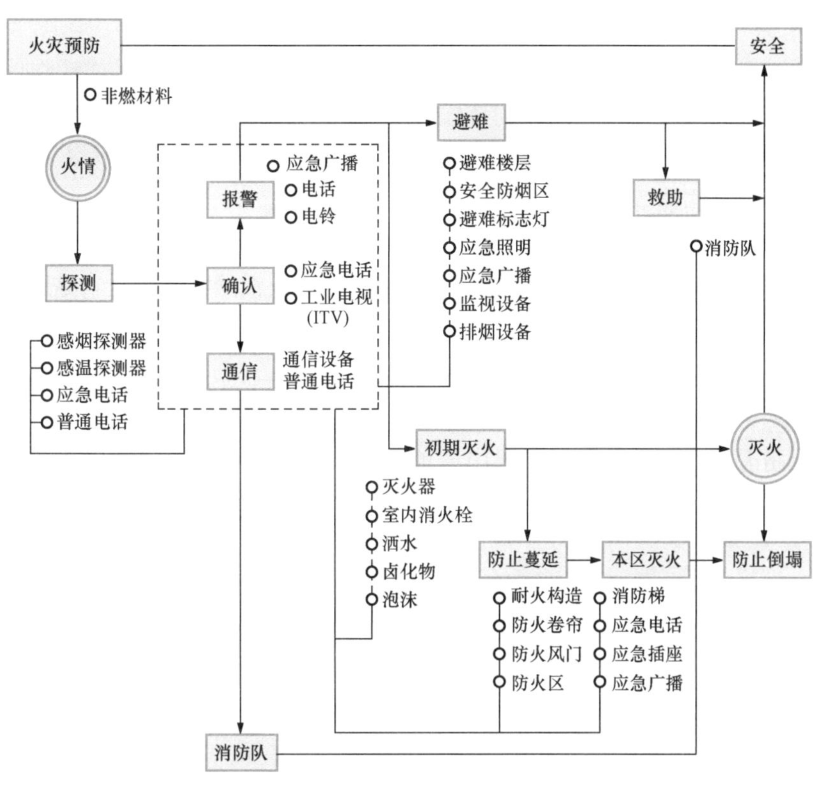

图 2-15 火灾自动报警及消防联动控制系统相互联系示意图

2.6 其他器件

1. 手动报警按钮

火灾自动报警系统应有自动和手动两种触发装置。现应用的各种类型的火灾探测器大都是自动触发装置，而手动火灾报警按钮是手动触发装置。它具有在应急情况下人工手动通报火警或确认火警的功能。

手动报警按钮的紧急程度比探测器报警紧急，一般不需要确认，所以手动按钮要求更可靠、更确切，处理火灾更快。

随着火灾自动报警系统的不断更新，手动报警按钮也在不断发展，不同厂家生产的不同型号的报警按钮各有特色，但主要作用基本是一致的。

报警区域内每个防火分区应至少设置一只手动报警按钮。从一个防火分区内的任何位置到最近的一个手动报警按钮的步行距离不应大于 30m。手动报警按钮应设置在明显和便于操作的部位，如设置在建筑物的大厅、过厅，主要公共活动场所出入口，餐厅、多功能厅等处的主要出入口，值班人员工作场所，主要通道门厅等经常有人通过的地方，安装在墙上距地（楼）面高度 1.5m 处明显和便于操作的部位。手动火灾报警按钮应在火灾报警控制器或消防控制室的控制盘上显示部位号，但以不同显示方式或不同的编码区段与其他触发装置信号区别开。

2. 编址模块

（1）编址输入模块。可将各种消防输入设备的开关信号（报警信号或动作信号）接入探测总线，实现信号向火灾报警控制器的传输，从而实现报警或控制的目的。

编址输入模块适用于水流指示器、报警阀、压力开关、非编址手动火灾报警按钮、普通型感烟和感温火灾探测器等。

（2）编址输入/输出模块。编址输入/输出模块能将报警器发出的动作指令通过继电器触点来控制现场设备以完成规定的动作，同时将动作完成信息反馈给报警器。它是联动控制柜与被控设备之间的桥梁，适用于排烟阀、送风阀、风机、喷淋泵、消防广播、警铃（笛）等。

3. 底座

底座与感烟、感温火灾探测器配套使用。

在二总线制火灾报警系统中，一般由地址编码器为探测器确定地址。地址编码器有的设在探测器内，有的设在底座上，设有地址编码器的底座称为编码底座。

4. 短路隔离器

短路隔离器用在传输总线上，对各分支线起短路时的隔离作用。它能自动使短路部分两端呈高阻态或开路状态，从而不损坏控制器，也不影响总线上其他部件的正常工作，当这部分短路故障消除时，能自动恢复这部分回路的正常工作，这种装置又称总线隔离器。短路隔离器应用实例如图 2-16 所示。

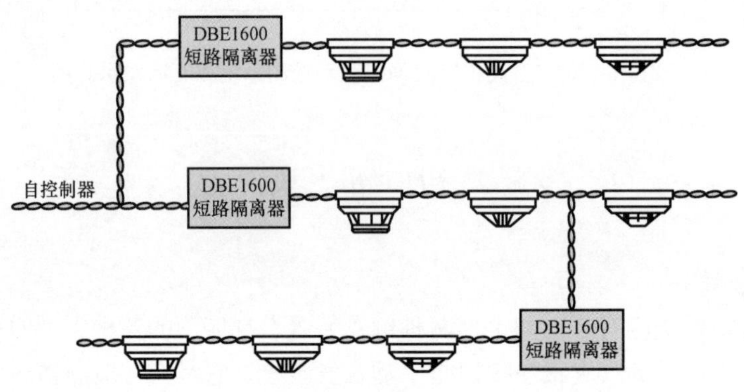

图 2-16　短路隔离器的应用实例

5. 总线中继器

总线中继器可作为总线信号输入与输出间的电气隔离，完成探测器总线的信号隔离传输，可增强整个系统的抗干扰能力，并且具有扩展探测器总线通信距离的功能。LD-8321 型总线中继器外形如图 2-17 所示。

图 2-17　LD-8321 型总线中继器外形

6. 总线驱动器

总线驱动器能增强线路的驱动能力。

总线驱动器的使用场所为：

（1）当一台报警控制器监控的部件超过 200 件以上，每 200 件左右用一只。

(2) 所监控设备电流超过 200mA，每 200mA 左右用一只。

(3) 当总线传输距离太长、太密，超长（500m）时安装一只（也有厂家超过 1000m 安装一只，应结合厂家产品而定）。

7. 区域显示器

区域显示器显示来自报警器的火警及故障信息，运用于各种防火监视分区或楼层。区域显示器具有以下特点：

(1) 具有声音报警功能。当火警或故障送入时，将发出两种不同的声音报警（火警为变调音响，故障为长音响）。

(2) 具有控制输出功能。具备一对无源触点，在火警信号存在时吸合，可用来控制一些报警器类的设备。

(3) 具有计时钟功能。在正常监视状态下，显示当前时间。

(4) 采用壁式结构，体积小，安装方便。

2.7 消防系统图例识读

2.7.1 某建筑物消防自动报警系统图

图 2-18 是某建筑消防自动报警及联动系统图。火灾报警与消防联动设备装在一层，安装在消防及广播值班室。火灾报警与消防设备的型号为 JB1501A/G508-64，JB 为国家标准中的火灾报警控制器，消防电话设备的型号为 HJ-1756/2，消防广播设备型号为 HJ1757（120W×2），外控电源设备型号为 HJ-1752。JB 共有 4 条回路，设为 JN1～JN4，JN1 用于地下层，JN2 用于 1、2、3 层，JN3 用于 4、5、6 层，JN4 用于 7、8 层。

1. 配线标注

报警总线 PS 采用多股软导线、塑料绝缘、双绞线，标注为 RVS-2×1.0GS15CEC/WC。其含义是：2 根截面积为 $1mm^2$，保护管为水煤气钢管，直径为 15mm，沿顶棚、暗敷设及有一段沿墙、暗敷设，均指每条回路。消防电话线 FF 标注为 BVR-2×0.5GC15FC/WC，BVR 为塑料绝缘软导线。其他与报警总线类似。

火灾报警控制器的右边有 5 个回路标注，依次为 C、FP、FC1、FC2、S。其对应依次为：C—RS-485 通信总线，RVS-2×1.0GC15WC/FC/CEC；FP-24V DC 主机电源总线，BV-2×4GC15WC/FC/CEC；FC1—联动控制总线，BV-2×1.0GC15WC/FC/CEC；FC2—多线联动控制线，BV-2×1.5GC20WC/FC/CEC；S—消防广播线，BV-2×1.5GC15WC/CEC。

在系统图中，多线联动控制线的标注为 BV-2×1.5GC15WC/CEC。多线，即不是一根线，具体几根线，就要根据被控设备的点数而定。从图 2-18 中可以看出，多线联动控制线主要是控制在 1 层的消防泵、喷淋泵、排烟风机，其标注为 6 根线，在 8 层有 2 台电梯和加压泵，其标注也是 6 根线。

2. 接线端子箱

从图 2-18 中可以知道，每层楼安装一个接线端子箱，端子箱中安装短路隔离器 DG。其作用是当某一层的报警总线发生短路故障时，将发生短路故障的楼层报警总线断开，就不

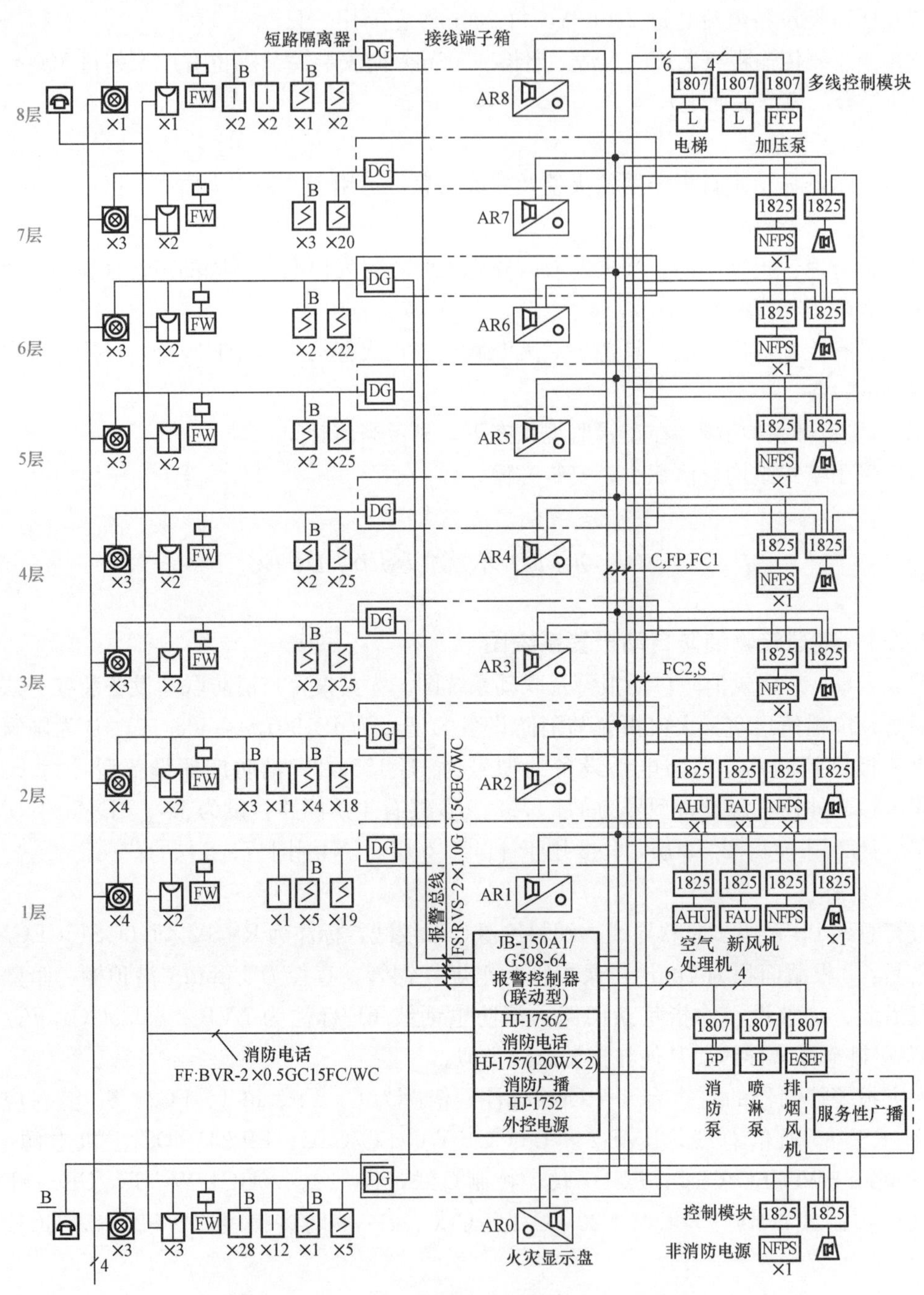

图 2-18　某建筑消防自动报警及联动系统图

会影响其他楼层报警设备的正常工作了。

3. 火灾显示盘 AR

每层楼安装一个火灾显示盘，可以显示各个楼层，显示盘用 RS-485 总线连接，火灾报警与消防联动设备可以将信息传送到火灾显示盘上进行显示，因为显示盘有灯光显示，所以需接主机电源总线 FP。

4. 消火栓箱报警按钮

消火栓箱报警按钮也是消防泵的启动按钮，消火栓箱是人工用喷水枪灭火最常用的方式，当人工用喷水枪灭火时，如果给水管网压力低，就必须启动消防泵。消火栓箱报警按钮是击碎玻璃式，将玻璃击碎，按钮将自动动作，接通消防泵的控制电路，消防泵启动，同时通过报警总线向消防报警中心传递信息，每个消火栓箱按钮占一个地址码。在图 2-18 中，纵向第 2 排图形符号为消火栓箱报警按钮，×3 代表地下层有 3 个消火栓箱，报警按钮编号为 SF01、SF02、SF03。

消火栓箱报警按钮的连线为 4 根线，由于消火栓箱的位置不同，形成两个回路，每个回路 2 根线，线的标注是 WDC（启动消防泵）。每个消火栓箱报警按钮也与报警总线相连接。

5. 火灾报警按钮

火灾报警按钮是人工向消防报警中心传递信息的一种方式，一般要求在防火区的任何地方至火灾报警按钮不超过 30m，纵向第 3 排图形符号是火灾报警按钮。×3 表示地下层有 3 个火灾报警按钮，火灾报警按钮编号为 SB01、SB02、SB03。火灾报警按钮也与消防电话线 FF 连接，每个火灾报警按钮板上都设置电话插孔，接上消防电话就可以用，8 层纵向第一个图形符号就是消防电话符号。

6. 水流指示器

纵向第 4 排图形符号是水流指示器 FW，每层楼一个。该建筑每层楼都安装了自动喷淋灭火系统。火灾发生超过一定温度时，自动喷淋灭火的闭式感温元件融化或炸裂，系统将自动喷水灭火，水流指示器安装在喷淋灭火给水的枝干管上，当枝干管有水流动时，水流指示器的电触点闭合，接通喷淋泵的控制电路，使喷淋泵电动机启动加压。同时，水流指示器的电触点也通过控制模块接入报警总线，向消防报警中心传递信息。每个水流指示器占一个地址码。

7. 感温火灾探测器

在地下层，1、2、8 层安装了感温火灾探测器，纵向第 5 排图符上标注 B 的为母座。编码为 ST012 的母座带动 3 个子座，分别编码为 ST012-1、ST012-2、ST012-3，此 4 个探测器只有一个地址码。子座到母座是另外接的 3 根线，ST 是感温火灾探测器的文字符号。

8. 感烟火灾探测器

纵向 7 排图符标注 B 的为子座，8 排没标注 B 的为母座，SS 是感烟火灾探测器的文字符号。

9. 其他消防设备

图 2-18 右面基本上是联动设备，而 1807、1825 是控制模块，该控制模块是将报警控制器送出的控制信号放大，再控制需要动作的消防设备。空气处理机 AHU 是将电梯前厅的楼梯空气进行处理。新风机 PAU 共 2 台，1 层安装在右侧楼梯走廊处，2 层安装在左侧楼梯前厅，是用来送新风的，发生火灾时都要求开启换空气。非消防电源配电箱安装在电梯井道的后面电气井中，火灾发生时需切换消防电源。广播有服务广播和消防广播，两者的扬声器合用，发生火灾时需要切换成消防广播。

2.7.2 消防报警系统平面图

1. 配线基本情况

阅读平面图时先从消防报警中心开始，再将其与本层及上、下层之间的连接导线走向关系分析清楚，便容易理解配套工程图。图 2-19 为某建筑 1 层消防报警系统平面图，消防报警中心在 1 层，在图 2-18 所示的系统图中，我们已经知道导线按功能分共有 8 种，即 FS、FF、FC1、FC2、FP、C、S 和 WDC。

来自消防报警中心的报警总线 FS：先进各楼层的接线端子箱后，再向其编址单元配线。消防电话 FF：只与火灾报警按钮有连接关系。联动控制总线 FC1：只与控制模块 1825 所控制的设备有连接关系。联动控制线 FC2：只与控制模块 1807 所控制的设备有连接关系。通信总线 C：只与火灾显示盘 AR 有连接关系。主机电源总线 FP：与火灾显示盘 AR 和控制模块 1825 所控制的设备有连接关系。消防广播线 S：只与控制模块 1825 中的扬声器有连接关系。控制线 WDC：只与消火栓箱报警按钮有连接关系，再配到消防泵，与报警中心无关。

在控制柜的图形符号中，共有 4 条线路向外配线，为了分析方便，将这 4 条线分别编成 N1、N2、N3、N4。其中 N1 配向②轴线，有 FS、FC1、FC2、FP、C、S 功能的导线，再向地下层配线；N2 配向③轴线，本层接线端子箱，再向外配线，有 FS、FC1、FP、S、FF 和 C 功能的导线；N3 配向④轴线，再向 2 层配线，有 FS、FC1、FC2、FP、C 和 S 功能的导线；N4 配向⑩轴线，再向下层配线，只有 FC2 一种功能的导线（4 根线）。

2. N2 线路分析

③轴线的接线端子箱共有 4 条出线，即配向②轴线 SB11 处的 FF 线；配向⑩轴线的电源配电间的 NFPS 处，有 FC1、FP、S 功能线；配向 SS101 的 FS 线；配向 SS115 的 FS 线。另一条为进线。

该建筑设置的感烟探测器文字符号标注为 SS，感温探测器标注文字符号 ST，火灾报警按钮 SB，消火栓箱报警按钮 SF，其数字排序按种类自排。例如，SS112 为 1 层第 12 号地址码的感烟火灾探测器，ST105 为 1 层第 5 号感温火灾探测器。有母座带子座的，子座又编为 SS115-1、SS115-2 等。

N2 线路总线配线：配向 SS101 的配线，用钢管沿墙暗敷设配到顶棚，进入 SS101 接线底座进行接线，再配到 SS102，依次类推，直到 SS119 而回到火灾显示器，形成一个环路。在这个环路中也有分支，如 SS110、SB12、SF14 等，其目的是减少配线路径。由于母座和子座之间的连接线增加了 3 根线，在 SS115-1、SS115-2、SS115 之间配了 5 根线。

N2 线路其他配线：火灾显示器向②轴线 SB11 处的消防电话线 FF，FF 与 SB11 连接后，在此处又分别到 2 层和本层的⑨轴线 SB12 处，在 SB12 处又分别向上、下层配线。SF11 的连接线 WDC（2 根）来自地下层，SF11 与 SF12 之间有 WDC 连接线，SF11 的连接线 WDC 配到 2 层。SF13 处的连接线 WDC（2 线）来自地下层，又配到 2 层。图 2-19 中标注的 4 线就是这两处的线相加。

火灾显示器配向⑩轴线电源配电间的 NFPS 处，有 FC1、FP、S 功能线。NFPS 接 FC1、FP 线。电源配电间有 1825 模块，是扬声器的切换控制接口，接 FC1、FP、S 功能线。NFPS 又接到 PAU 和 AHU，接 FC1 和 FP 线。

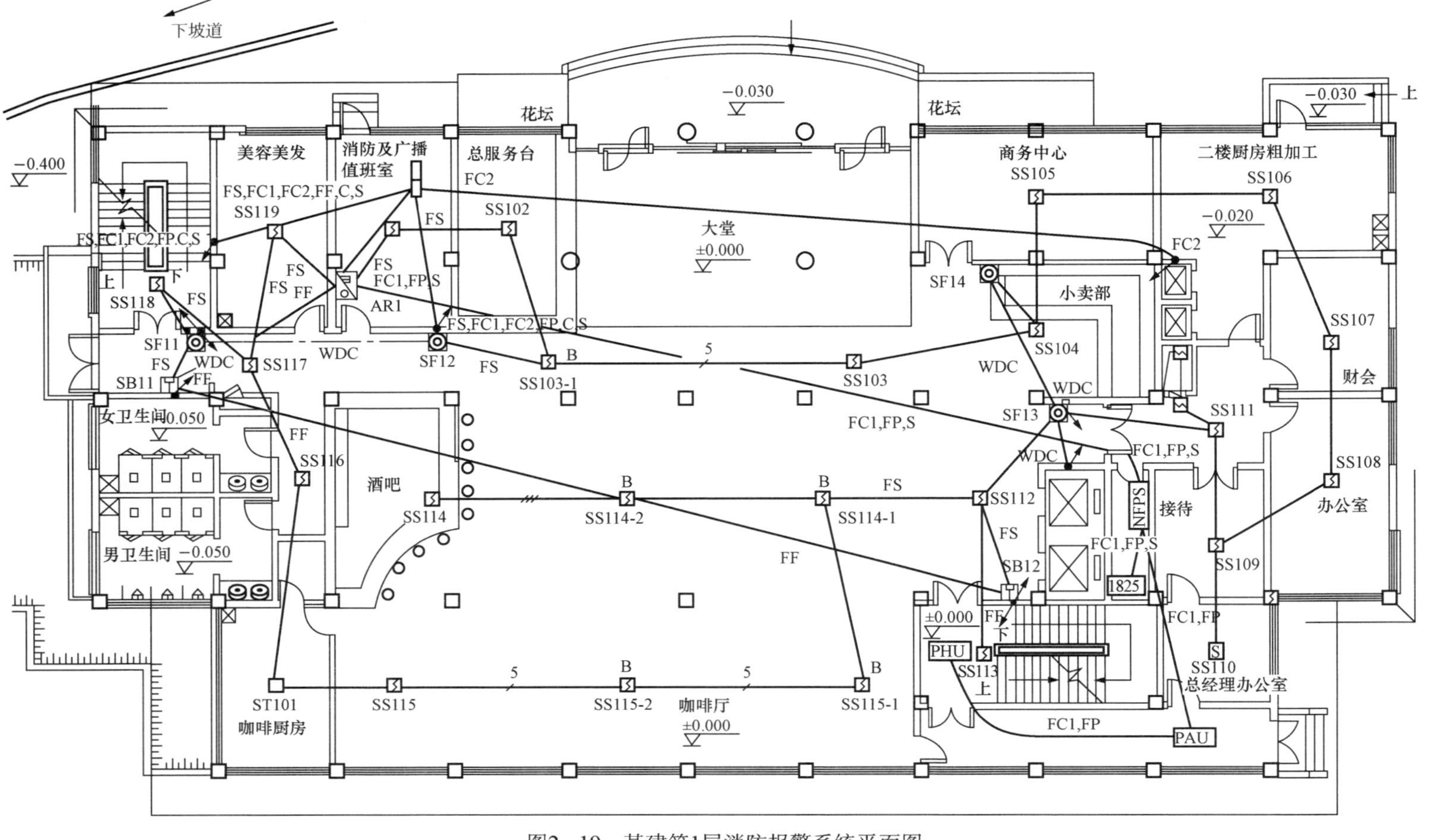

图2-19 某建筑1层消防报警系统平面图

2.8 消防报警系统实例

2.8.1 某酒店消防报警系统设计

根据JGJ 16—2008《民用建筑电气设计规范》中对于防火等级划分的有关规定，确定此酒店建筑火灾保护等级为二级。在各个房间和走廊、门厅等地均设置不同数量的感烟探测器、扬声器以满足消防要求。走廊内设置带电话插孔的手动报警按钮和消火栓按钮，首层值班室内设119直拨电话插孔。消防报警系统与事故照明、电梯以及各种非消防电源相关联，以实现火灾发生时的联动与切非。

严格按电气规范设置探头、手动报警设备、声光报警设备、119电话插孔、消防广播系统，同时联动电梯、消防泵、喷淋泵等，并在火灾时能切除非消防电源。集中报警控制器联动盘与各联动对象连接。所有导线均为阻燃型塑铜芯导线，穿金属管。消防联动控制设备可通过总线实现以下控制及显示功能手动或自动切断相关部位的非消防电源，启动应急照明，消火栓按钮启动消火栓泵，双电源末端互投。

火灾探测器的设计中，仅设置一个感烟探测器的房间，探测器均居中布置，均满足保护半径大于或等于探测器距房间各角的最大距离的要求。设置多个探测器的房间，探测器一般均匀布置在房间的长向中轴线上或呈矩形布置，确保房间内无保护死角。走廊则根据规范要求在小于15m的距离内设置探测器。

在各房间内部及公共区域均设有火灾事故广播扬声器。房间内部的火灾事故广播扬声器的布置根据房间的大小、形状确定，一般每个房间设置一个，个别跨度较大的长矩形房间，在房间前后各设置一个。

走廊部分也按照规范要求布置火灾事故广播扬声器，保证从本层任何部位到最近一个扬声器的步行距离不超过15m。

手动报警按钮的设置：报警区域内每个防火分区，应至少设置一只手动火灾报警按钮，手动火灾报警按钮应设置在明显和便于操作的部位。根据规范要求，在走廊和门厅设置一定数量的手动报警按钮。

设计中，消防报警系统通过控制模块与照明、动力系统各层配电箱相连，以保证在火灾发生时能够及时切断有关部位的非消防电源，并迅速启动消防专用电源。并接通警报装置及启动火灾应急照明灯和疏散指示灯。

消防电源设置：需要和消防报警系统进行联动的设备，采用2台独立的变压器提供双电源双回路供电，以保证供电的持续性要求。

根据以上原则所设计的酒店消防报警系统平面图如图2-20所示，2层消防系统图如图2-21所示（见文后插页）。

2.8.2 某综合教学楼消防报警系统设计

综合教学楼火灾自动报警及联动系统设计，根据相应的民用建筑火灾自动报警系统对象分级。建筑高度不超过24m，每层的建筑面积超过2000m² 但不超过3000m²，故该建筑属于二级保护。

在消防控制室内，集中报警系统设置火灾应急广播系统。在消防应急广播系统中还兼

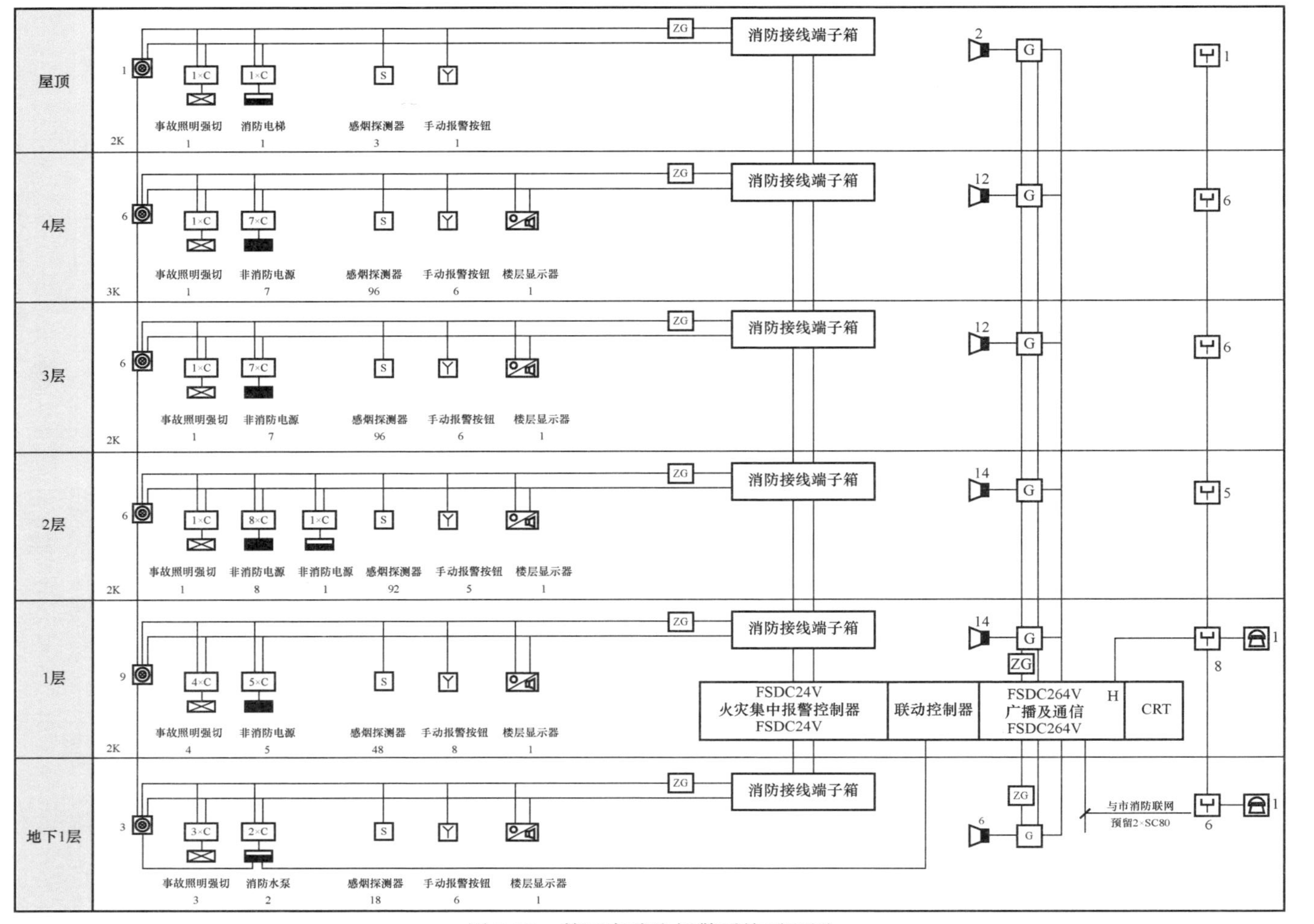

图 2-20 某酒店消防报警系统平面图

信号二总线—ZR-RVS-2×2 5 SC20；DC 24V电源二总线—ZR-BV-4×2-5 SC25；消火栓控制线—ZR-RVS-2×2-5 SC20，ZR—BV-4×2-5 SC25；
消防广播控制线—ZR-RVS-6×25 SC32；消防广播线—ZR-RVS-2×2-5 SC20；通信二总线—ZR-RVS-2×0-5 SC20

有本综合教学楼上下课的语音提示。

火灾应急广播扬声器的设置：本建筑的扬声器设置在走道和公共大厅等公共场所，每个扬声器的额定功率为 30kW，其安装的位置能保证在一个防火分区内的任何部位到最近一个扬声器的步行距离不大于 25m，走道最后一个扬声器距走道末端不大于 12.5m。

火灾自动报警系统传输线路采用绝缘电线时，应采取穿金属管、不燃或难燃型硬质、半硬质塑料管或封闭式线槽保护方式布线，如图 2-22 所示。

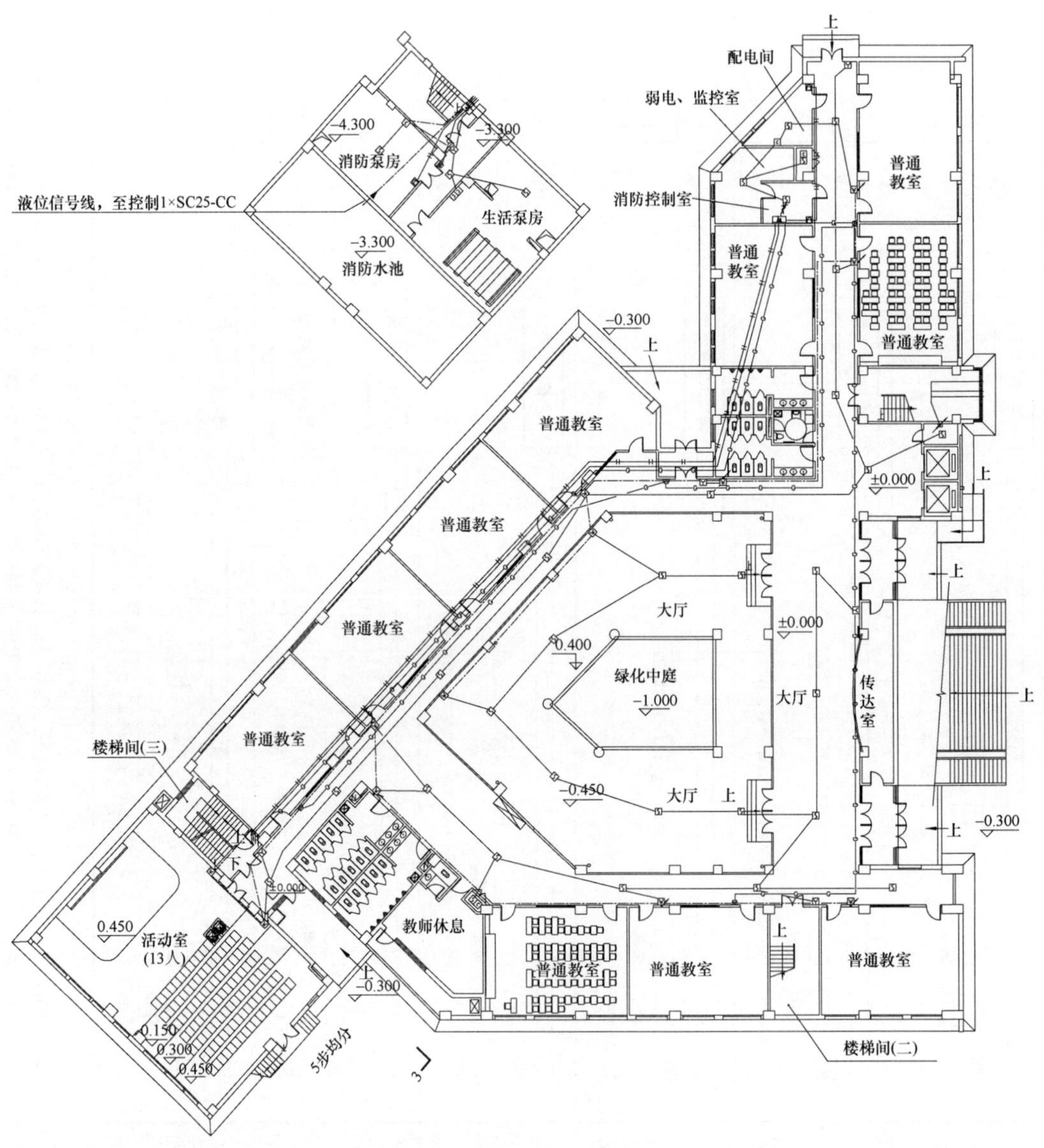

图 2-22　首层消防系统平面图

第3章

安全防范系统图识读

3.1 安全防范系统

安全技术防范工程是指以维护社会公共安全为目的，综合运用技防产品和科学技术手段组成的安全防范系统。它主要包括报警、通信、出入口控制、防爆、安全检查等设施和设备。

具体地讲，安全技术防范工程是以安全防范为目的，将具有防入侵、防盗窃、防抢劫、防破坏、防爆炸功能的专用设备、软件组合成一个有机整体，构成具有综合功能的技术网络。

1. 安全防范系统的概念

安全技术防范工程是人、设备、技术、管理的综合产物。一个完整的安全防范系统应具备以下功能：图像监控功能，包括视像监控、影像验证、图像识别系统；探测报警功能，包括内部防卫探测、周界防卫探测、危急情况监控、图形鉴定；控制功能，包括图像功能、识别功能、响应报警的联动控制；自动化辅助功能，包括内部通信、双向无线通信、有线广播、电话拨打、巡更管理、员工考勤、资源共享与设施预订。

安全技术防范工程的设计要依据风险等级、防护级别和安全防护水平三个标准。

(1) 风险等级。指存在于人和财产（被保护对象）周围的、对他（它）们构成严重威胁的程度。一般分为三级：一级风险为最高风险，二级风险为高风险，三级风险为一般风险。

(2) 防护级别。指对人和财产安全所采取的防范措施（技术的和组织的）的水平。一般分为三级，一级防护为最高安全防护，二级防护为高安全防护，三级防护为一般安全防护。

(3) 安全防护水平。指风险等级被防护级别所覆盖的程度，即达到或实现安全的程度。

(4) 风险等级和防护级别的关系。一般来说，风险等级与防护级别的划分应有一定的对应关系，各风险的对象需采取高级别的防护措施，才能获得高水平的安全防护。

2. 安全技术防范系统的基本构成

近年来，在智能建筑和社区安全防范中，形成了融防盗报警、视频监控、出入口控制、访客查询、保安巡更、停车场管理等系列的综合监控与管理的系统模式。

安全技术防范系统的基本构成包括如下子系统：入侵报警子系统、电视监控子系统、出入口控制子系统、保安巡更子系统、通信和指挥子系统、供电子系统、其他子系统。

其中，入侵报警子系统、电视监控子系统、出入口控制子系统和保安巡更子系统是最常见的子系统。通信和指挥子系统在整个安防系统中起着重要的作用，主要表现在如下几个方面：①可以使控制中心与各有关防范区域及时地互通信息，了解各防范区域的有关安全情况；②可以对各有关防范区域进行声音监听，对产生报警的防区进行声音复核；③可以及时调度、指挥保安人员和其他保卫力量相互配合，统一协调地处置突发事件；④一旦出现紧急情况和重大安全事件，可以与外界（派出所、110、单位保卫部门等）及时取得联系并报告有关情况，争取增援。

通信和指挥系统一般要求多路、多信道，采用有线或无线方式。其主要设备有手持式对讲机、固定式对讲机、手机、固定电话，重要防范区域安装声音监听视音头。

供电子系统是安防系统中一个非常重要，但又容易被忽视的子系统。系统必须具有备用电源，否则，一旦市电停电或被人为切断外部电源，整个技防系统就将完全瘫痪，不具有任何防范功能。备用电源的种类可以是下列之一或其组合：二次电池及充电器；UPS电源；发电机。

其他子系统还包括访客查询子系统、车辆和移动目标防盗防劫报警子系统、专用的高安全实体防护子系统、防爆和安全检查子系统、停车场（库）管理子系统、安全信息广播子系统等。

3.2 门禁控制系统

门禁控制系统也是出入口控制系统。该系统控制各类人员的出入以及他们在相关区域的行动，通常被称做门禁管理系统。通常是预先制作出各种层次的卡或预定密码，在相关的大门出入口处安装磁卡识别器或密码键盘等，用户持有效卡或输入密码方能通过和进入。门禁控制系统一般要与防盗（劫）报警系统、闭路电视监视系统和消防系统联动，实现有效地安全防范。

1. 门禁控制系统的组成

门禁控制系统一般由目标识别子系统、信息管理子系统和控制执行机构三部分组成，如图3-1所示。系统的主要设备有门禁控制器、读卡器、电控锁、电源、射频卡、出门按钮及其他选用设备（如门铃、报警器、遥控器、自动拨号器、门禁管理软件、门窗磁感应开关）等。

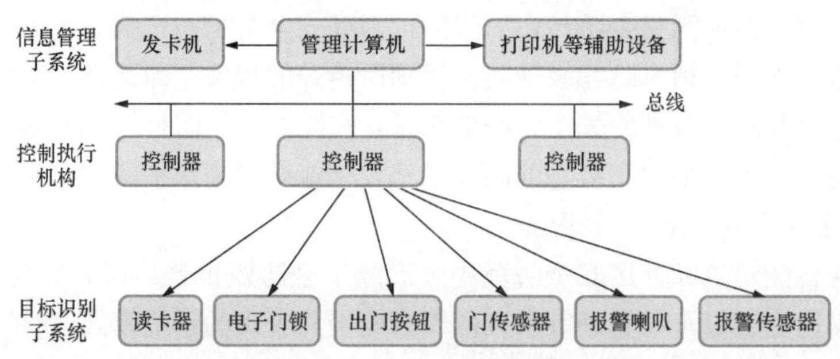

图3-1 门禁控制系统的组成

(1) 系统的前端设备为各种出入口目标的识别装置和门锁启闭装置，包括识别卡、读卡器、控制器、出门按钮、钥匙、指示灯和警号等。主要用来接受人员输入的信息，再转换成电信号送到控制器，同时根据来自控制器的信号，完成开锁、闭锁、报警等工作。

（2）控制器接收底层设备发来的相关信息，同存储的信息相比较并作出判断，然后发出处理信息。单个控制器可以组成一个简单的门禁控制系统用来管理一个或多个门。多个控制器通过通信网络同计算机连接起来就组成了可集中监控的门禁控制系统。

（3）整个系统的传输方式一般采用专线或网络传输。

（4）目标识别子系统可分为对人的识别和对物的识别。以对人的识别为例，可分为生物特征识别系统和编码识别系统两类。生物特征识别（由目标自身特性决定）系统如指纹识别、掌纹识别、眼纹识别、面部特征识别、语音特征识别等。

2. 门禁控制系统的主要设备

（1）识别卡。按照工作原理和使用方式等方面的不同，可将识别卡分为接触式和非接触式、IC 和 ID、有源和无源。最终的目的都是作为电子钥匙被使用，只是在使用的方便性、系统识别的保密性等方面有所不同。

射频识别技术是一项非接触式自动识别技术，它是利用射频方式进行非接触双向通信，以达到自动识别目标对象并获取相关数据，具有精度高、适应环境能力强、抗干扰强、操作快捷等许多优点。

（2）读卡器。读卡器分为接触式读卡器如磁条、IC 和非接触读卡器如感应卡等。

（3）写入器。写入器是对各类识别卡写入各种标志、代码和数据（如金额、防伪码）等。

（4）控制器。控制器是门禁控制系统的核心，它由一台微处理机和相应的外围电路组成。如将读卡器比作系统的眼睛，将电磁锁比作系统的手，那么控制器就是系统的大脑，由它来确定哪张卡是否为本系统已注册的有效卡，该卡是否符合所限定的授权，从而控制电锁是否打开。

3. 门禁控制系统的主要功能

（1）管理各类进出人员并制作相应的通行证，设置各种进出权限。凭有效的卡片、代码和特征，根据其进出权限允许进出或拒绝进出。属黑名单者将报警。

（2）门的状态及被控信息记录到上位机中，可方便地进行查询。断电等意外情形下能自动开门。可实时统计、查询和打印。

（3）系统可以对所有存储的记录进行考勤统计。

4. 门禁控制系统的联网设计

门禁控制系统联网通信常用 RS-232、RS-422 和 RS-485 三种通信技术，RS-232、RS-422 与 RS-485 都是串行数据接口标准，最初都是由电子工业协会（EIA）制定并发布的，RS-232 在 1962 年发布，命名为 EIA-232-E，作为工业标准，以保证不同厂家产品之间的兼容。

（1）采用 RS-485 总线制方式联网。一般的 RS-485 网络普通门禁控制方案采用 RS-485 总线制方式联网，整个系统的拓扑结构显得非常简单。图 3-2 为 RS-485 控制网络实物连接示意图。

图 3-2 中读卡器与控制器之间采用 8 芯屏蔽双绞线（称读卡器线），线径要求大于 0.3mm×0.3mm。可用 5 类网络线。

电控锁与控制器之间采用 2 芯电源线（称锁线），线径要求大于0.5mm×0.5mm。

如果锁线与读卡器线穿于同一根管中，则要求锁线采用 2 芯屏蔽线。

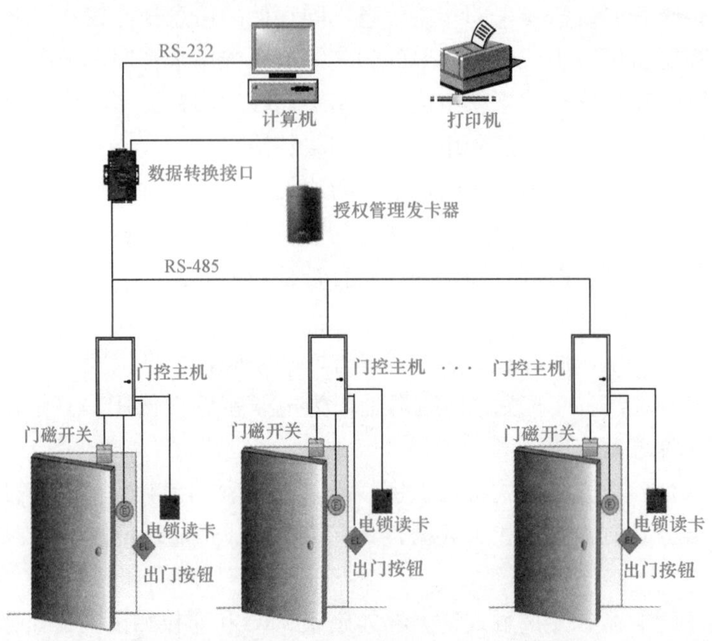

图 3 - 2　RS-485 控制网络实物连接示意图

门按钮与控制器之间采用 2 芯电源线（称出门按钮线），线径要求大于 0.5mm×0.5mm。控制器与控制器及控制器与电脑的联网线，采用 8 芯屏蔽双绞线，线径要求大于 0.3mm×0.3mm。可用 5 类网络线。

如果通信距离过长，若超过 500m，常采用中继器或者 485HUB 来解决问题。如果负载数过多，一条总线上超过 30 台设备，采用 485HUB。对线路较长、负载较多的情况采用主动科学的、有预留的解决方案。

（2）带 TCP/IP 网络功能的门禁控制系统控制网络。使用 TCP/IP 联网方式时，每条 TCP/IP 下面可连接 32 台控制器，由于局域网的稳定性和无限扩展性，连接控制器数量也会大大增加，且稳定性极高。

如果系统支持 30 条 RS-485 总线，另加上 TCP/IP 联网方式，控制门点可达到几万个。如果自带 TCP/IP 网络转换模块，无须另接 TCP/IP 转换器，可直接接入局域网。如图 3 - 3 所示，利用带 TCP/IP 联网功能的控制器接入交换机（或集线器），可以实现多级的大型联网，组建带 INTERNET 功能的控制网络。

3.3　门禁控制系统图的识读

某建筑出入口管理系统示意图如图 3 - 4 所示，系统由出入口控制管理主机、读卡器、电控锁、控制器等部分组成。各出入口管理控制器电源由 UPS 电源通过 BV-3×2.5 线统一提供，电源线穿 ϕ15mm 的 SC 管暗敷设。出入口控制管理主机和出入口数据控制器之间采用 RVVP-4×1.0 线连接。图 3 - 4 中，在出入口管理主机引入消防信号，当有火灾发生时，门禁将被打开。

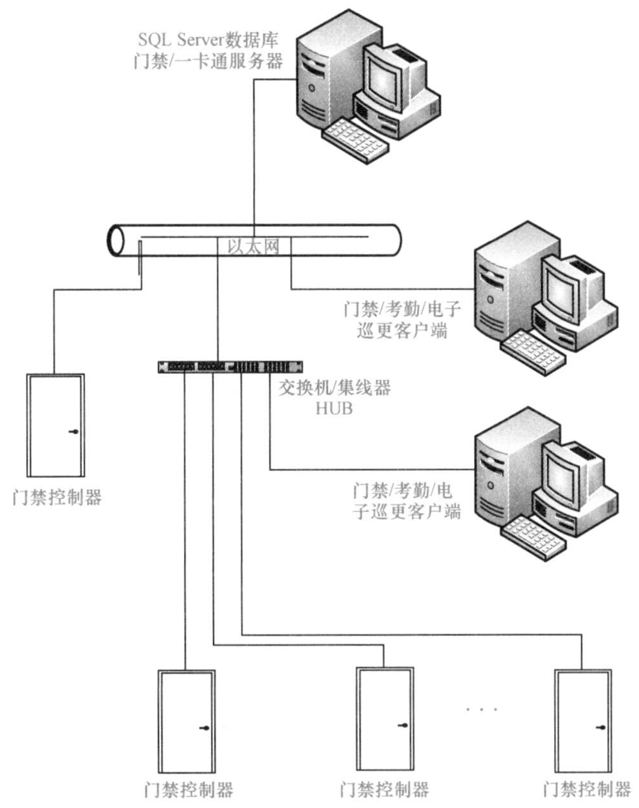

图 3-3　TCP/IP 控制网络实物连接示意图

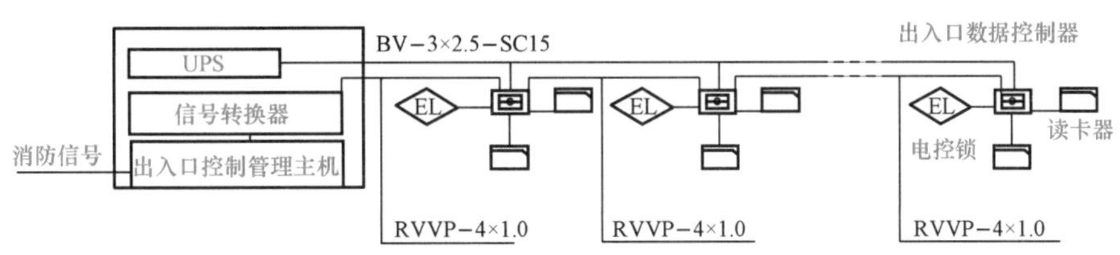

图 3-4　某建筑出入口管理系统示意图

3.4　楼宇对讲系统

3.4.1　访客对讲系统

访客对讲系统是指来访客人与住户之间提供双向通话或可视通话，并由住户遥控防盗门的开关及向保安管理中心进行紧急报警的一种安全防范系统。它适用于单元式公寓、高层住宅楼和居住小区等。

图 3-5 为某住宅楼访客对讲系统示意图，该系统由对讲系统、控制系统和电控防盗安全门组成。

对讲系统：主要由传声器、语言放大器及振铃电路等组成，要求对讲语言清晰、信噪比

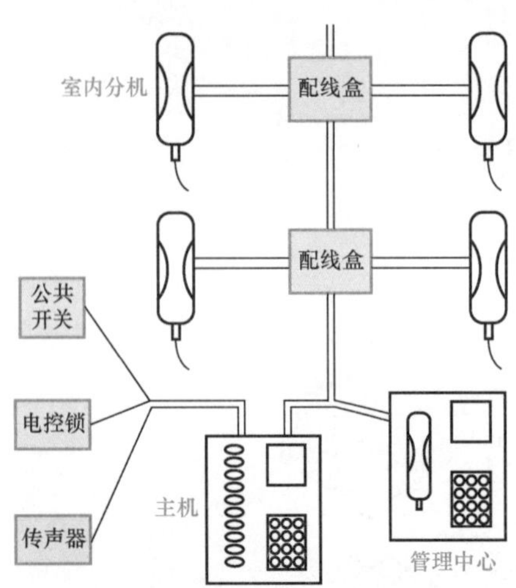

图 3-5　某住宅楼访客对讲系统示意图

高、失真度低。

控制系统：采用总线制传输、数字编码解码方式控制，只要访客按下户主的代码，对应的户主摘机就可以与访客通话，并决定是否打开防盗安全门；而户主可以凭电磁钥匙出入该单元大门。

电控安全防盗门：对讲系统用的电控安全防盗门是在一般防盗安全门的基础上加上电控锁、闭门器等构件。

3.4.2　可视对讲系统

可视对讲系统除了对讲功能外，还具有视频信号传输功能，使户主在通话时可同时观察到来访者的情况。因此，系统增加了一部微型摄像机，安装在大门入口处附近，用户终端设一部监视器。某可视对讲系统如图 3-6 所示。

可视对讲系统主要具有以下功能：

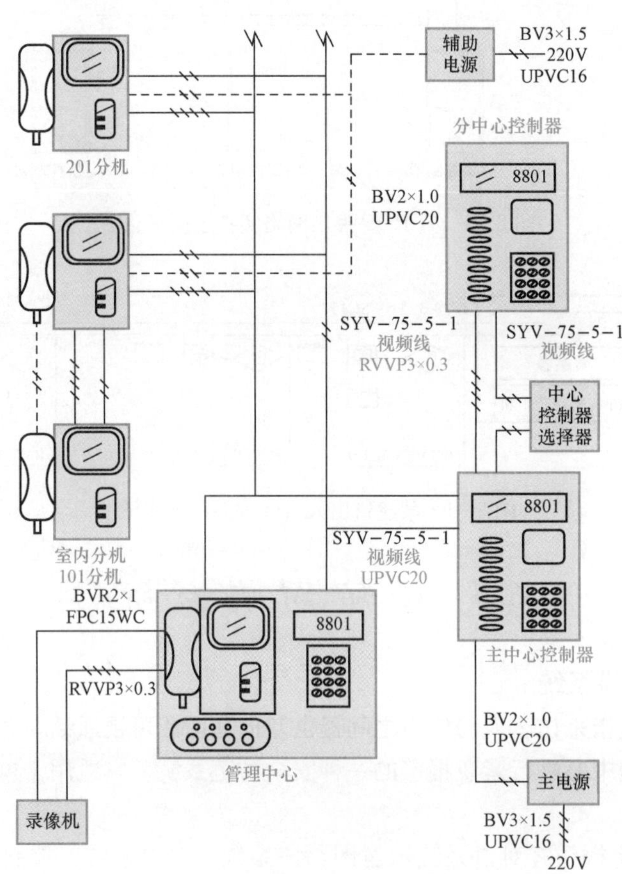

图 3-6　某可视对讲系统图

（1）通过观察监视器上来访者的图像，可以将不希望的来访者拒之门外。

（2）按下呼出键，即使没人拿起听筒，屋里的人也可以听到来客的声音。

（3）按下“电子门锁打开按钮”，门锁可以自动打开。

（4）按下“监视按钮”，即使不拿起听筒，也可以监听和监看来访者长达 30s，而来访者却听不到屋里的任何声音；再按一次，解除监视状态。

3.4.3 楼宇对讲系统

图 3-7 所示为一高层住宅楼楼宇对讲系统图，该楼宇对讲系统为联网型可视对讲系统。

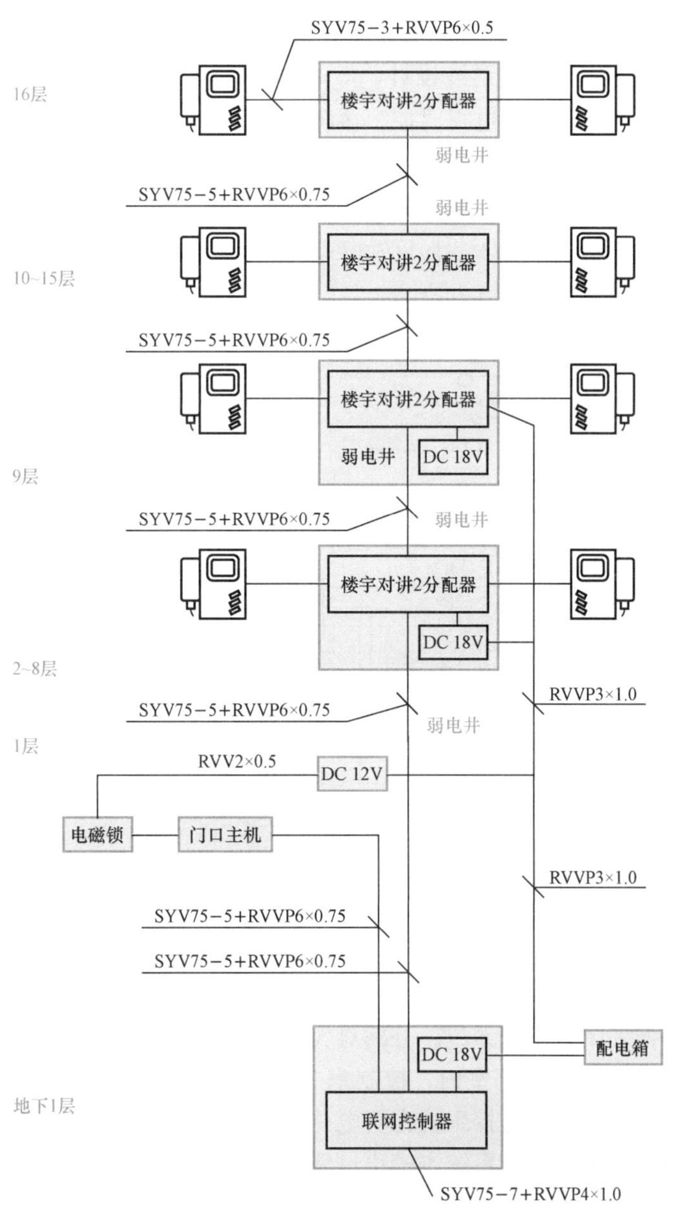

图 3-7 某高层住宅楼楼宇对讲系统图

每个用户室内设置一台可视电话分机，单元楼梯口设一台带门禁编码式可视梯口机，住户可以通过智能卡和密码开启单元门。可通过门口主机实现在楼梯口与住户的呼叫对讲。楼梯间设备采用就近供电方式，由单元配电箱引一路 220V 电源至梯间箱，实现对每楼层楼宇对讲 2 分配器及室内可视分机供电。

从图 3-7 中可知，视频信号线型号分别为 SYV75-5＋RVVP6×0.75 和 YV75-5＋RVVP6×0.5，楼梯间电源线型号分别为 RVV3×1.0 和 RVV2×0.5。

3.5 保安监控系统设计实例

3.5.1 某教学楼保安监控系统设计

综合教学楼保安监控系统由电视监控、多媒体设备防盗报警两个子系统组成，统一由电视监控子系统实现联动集成。

防盗报警子系统：由电视监控子系统的矩阵主机通过报警扩展器扩展的报警功能实现中央控制，在每间活动教室的多媒体讲桌及投影仪处设置红外—微波双监探头。

保安监控系统原理框图如图 3-8 所示。

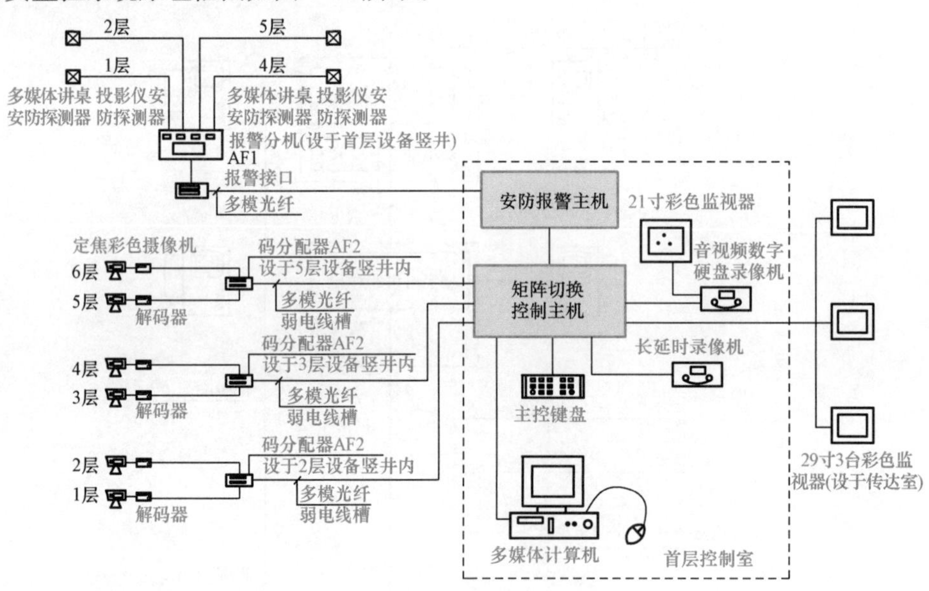

图 3-8　保安监控系统原理框图

3.5.2 某营业厅保安监控系统设计

大楼设有一套保安闭路监控系统，分别对大楼主要出入口、电梯轿厢及门厅等处进行监控。监控中心设在地下一层控制室内，控制室主要设备有监视器、硬盘录像机、视频分配器、矩阵切换主机等设备。该监控系统在弱电井内采用金属线槽敷设，主干部分采用金属线槽敷设，线槽应刷防火漆，监控系统主槽道过墙孔洞，在线缆敷设完成后进行防火封堵。

各监控点位采用 CS20 镀锌钢管敷设，线缆采用 SYV75-5、RVV2×1.0、RVVP2×1.0 型线缆引入监控中心。各层楼梯间及垂直管采用暗管敷设，其他管线均为明敷设。主要设备采用 UPS 供电。

接地采用 BV16mm^2 线缆，地下 1 层机房、1 层机房、2 层机房、1 层 ATM 自助专厅设备接地与地下 1 层监控室大楼等电位箱相应等电位相连。除线槽软铜编连接线外，在线槽内侧用 BV16mm^2 线缆对槽进行充分连接。

1 层 A 储蓄厅与 B 储蓄厅的环境监控点位分别在 1 层机房与 2 层机房中录像，并使用跳线将此部分点位信号引入地下 1 层监控中心进行实时监控。

营业厅保安监控系统框图如图 3-9 所示，平面图如图 3-10～图 3-12 所示（见文后插页）。

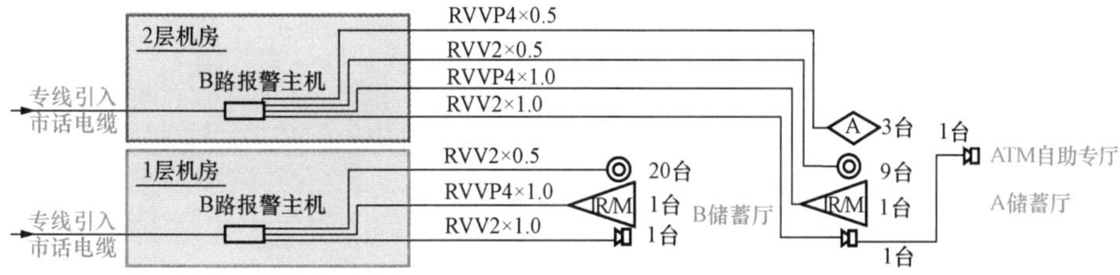

图 3-9 某营业厅保安监控防盗报警系统框图

◎紧急按钮开关；报警器；R/M双鉴探测器；A振动传感器

第4章

闭路电视监控系统

4.1 系统概述

闭路电视监控系统（CCTV）是安全技术防范体系中的一个重要组成部分，是一种先进的、防范能力极强的综合系统，它可以通过遥控摄像机及其辅助设备（镜头、云台等）直接观看被监视场所的一切情况，能实时、形象、真实地反映被监视控制对象的画面，已成为人们在现代化管理中监控的一种极为有效的观察工具。闭路电视监控系统是应用光纤、同轴电缆、微波在其闭合的环境内传输电视信号，从摄像到图像显示构成独立完整的电视系统。通过闭路电视监控系统可记录事件的发生过程，对安全防护起到关键的作用。

1. 系统功能

(1) 对主要出入口、主干道、周界围墙或栅栏、停车场出入口以及其他重要区域进行监视。

(2) 物业管理中心监视系统采用多媒体视像显示技术，由计算机控制、管理及进行图像记录。

(3) 报警信号与摄像机、录像机与摄像机联锁控制。

(4) 系统可与周界防越报警系统联动进行图像跟踪及记录。

(5) 视频失落及设备故障报警。

(6) 图像自动/手动切换、云台及镜头的遥控。

(7) 相关信息的显示、存储、查询及打印。

2. 系统组成

闭路电视监控系统由摄像部分（有时还有麦克）、传输部分、记录和控制部分以及显示部分四大块组成。在每一部分中，又含有更加具体的设备或部件。

(1) 摄像部分。摄像部分包括摄像机、镜头等。摄像机就像整个系统的眼睛一样，把它监视的内容变为图像信号，传送给控制中心的监视器上。

(2) 传输部分。传输部分就是系统的图像信号通路，包括电源线、控制线等。这里所讲的传输部分，通常是指所有要传输的信号形成的传输系统的总和（电源传输、视频传输、控制传输等）。

在传输方式上，目前电视监控系统多半采用视频基带传输方式。如摄像机距离控制中心较远，也可采用射频传输方式或光纤传输方式。特殊情况下还可采用无线或微波传输。

(3) 控制部分。总控制台中主要的功能有视频信号放大与分配、图像信号的校正与补偿、图像信号的切换、图像信号（或包括声音信号）的记录、摄像机及其辅助部件（如镜头、云台、防护罩等）的控制（遥控）等。

(4) 显示部分。显示部分一般由几台或多台监视器（或带视频输入的普通电视机）组成。它的功能是将传送过来的图像显示出来。

(5) 监控辅助设备。

1）防护罩（HOUSING）：用于保护摄像机免于水、人为的破坏。

2）支架（MOUNTING BRACKET）：用于固定摄像头、防护罩及云台。

3）红外线照明器（INFRA-RED LAMP）：红外线只可被摄像机感应，无法被肉眼看见，可用于夜晚辅助照明。按红外灯感应的距离划分有 10、20、30、50、100m。

4）分割器（QUAD，MULTIPLEX）。有 4 分割、9 分割、16 分割等，可把多个影像同时显示在一个屏幕上。可以在一台监视器上同时显示 4、9、16 个摄像机的图像，也可以单独显示某一画面的全屏。4 分割是最常用的设备之一，其性能价格比也较好，图像的质量和连续性可以满足大部分要求。

5）解码器。在具体的闭路电视监控系统工程中，解码器是属于前端设备的，它一般安装在配有云台及电动镜头的摄像机附近，有多芯控制电缆直接与云台及电动镜头相连，另有通信线（通常为两芯护套线或两芯屏蔽线）与监控室内的系统主机相连。

同一系统中有很多解码器，所以每个解码器上都有一个拨码开关，它决定了该解码器在该系统中的编号（即 ID 号），在使用解码器时首先必须对拨码开关进行设置。在设置时，必须跟系统中的摄像机编号一致，如不一致，会出现操作混乱。例如：当摄像机的信号连接到主机第一视频输入口，即 CAM1，而相对应的解码器的编号应设为 1。否则，操作解码器时，很可能在监视器上看不见云台的转动和镜头的动作，甚至可能认为此解码器有故障。

6）视频矩阵系统。矩阵主机最基本的功能就是把任何一个通道的图像显示在任何一个监视器上，且相互不影响，又称“万能切换”，现在一般还增加了更多的如序列切换、分组切换、群组切换、图像巡游等功能。所谓 32 路进 5 路出是指可以接 32 路视频输入，5 路视频输出。

带环通是指外部接入一路视频信号给矩阵主机的同时，矩阵还可以把这路视频信号传给别的设备，如录像机，这样就可以省一个一分二的视频分配器。

7）录像存储设备（数字式硬盘录像机 DVR）。PC 型硬盘录像机实质上就是一部专用工业计算机，利用专门的软件和硬件集视频捕捉、数据处理及记录、自动警报于一身。操作系统一般采用 Windows 系列。目前硬盘录像机一般可同时记录视频 1～32 路。其优点是控制功能和网络功能较为完善；不足之处是其操作系统基于 Windows 运行，不能长时间连续工作，必须隔时重启，且维护较为困难。

4.2 电视监控系统配线技术

1. 电源线

电视监控系统中的电源线一般都是单独布设，在监控室安置总开关，以对整个监控系统直接控制。一般情况下，电源线按交流 220V 布线，在摄像机端再经适配器转换成直流

12V，这样可以采用总线式布线，且不需很粗的线。当然在防火安全方面要符合规范（穿钢管或阻燃 PVC 管），并与信号线离开一定距离。

有些小系统也可采用 12V 直接供电的方式，即在监控室内用一个大功率的直流稳压电源对整个系统供电。在这种情况下，电源线就需要选用线径较粗的线，且距离不能太长，否则就不能使系统正常工作。电源线一般选用 RVV2×0.5、RVV2×0.75、RVV2×1.0 等型号。

2. 视频电缆

视频电缆选用 75Ω 的同轴电缆，通常使用的电缆型号为 SYV-75-3 和 SYV-75-5，它们对视频信号的无中继传输距离一般为 300～500m。当传输距离更长时，可相应选用 SYV-75-7、SYV-75-9 或 SYV-75-12 型号的粗同轴电缆（在实际工程中，粗缆的无中继传输距离可达 1km 以上），当然也可考虑使用视频放大器。一般来说，传输距离越长则信号的衰减越大，频率越高则信号的衰减也越大，但线径粗则信号衰减小。当长距离无中继传输时，由于视频信号的高频成分被过多的衰减而使图像变模糊（表现为图像中物体边缘不清晰，分辨率下降），而当视频信号的同步头被衰减得不足以被监视器等视频设备捕捉到，图像便不能稳定地显示了。

视频同轴电缆的外导体用铜丝编织而成。不同质量的视频电缆其编织层的密度（所用的细铜丝的根数）是不一样的，如 80 编、96 编、120 编、128 编等。

3. RS-485 通信转换

RS-485 通信的标准通信长度约为 1.2km，如增加双绞线的线径，则通信长度还可延长。实际应用中，用 RVVP2×1.0 的两芯护套线作通信线，其通信长度可达 2km。

4. 音频电缆

音频电缆通常选用 2 芯屏蔽线，虽然普通 2 芯线也可以传输音频，但长距离传输时易引入干扰噪声。在一般应用场合，屏蔽层仅用于防止干扰，并于中心控制室内的系统主机处单端接地，但在某些应用场合，也可用于信号传输，如用于立体声传输时的公共地线（2 芯线分别对应于立体声的两个声道）。

常用的音频电缆型号有 RVVP2×0.3 或 RVVP2×0.5。

5. 控制电缆

控制电缆通常指的是用于控制云台及电动可变镜头的多芯电缆，它一端连接于控制器或解码器的云台、电动镜头控制接线端，另一端则直接接到云台、电动镜头的相应端子上。由于控制电缆提供的是直流或交流电压，而且一般距离很短（有时还不到 1m），基本上不存在干扰问题，因此不需要使用屏蔽线。常用的控制电缆大多采用 6 芯电缆或 10 芯电缆，如 RVV-6×0.2、RVV-10×0.12 等。其中 6 芯电缆分别接于云台的上、下、左、右、自动、公共 6 个接线端。10 芯电缆除了接云台的 6 个接线端外还包括电动镜头的变倍、聚焦、光圈、公共 4 个接线端。

4.3 电视监控系统图的识读

图 4-1 是某建筑的电视监控及报警系统图，此建筑为地下 1 层，地上 6 层。监控中心

设置在1层。监控室统一提供给摄像机、监视机及其他设备所需要的电源，并由监控室操作通断。1层安装13台摄像机，2楼安装6台摄像机，其余楼层各安装2台摄像机。视频线采用SYV-75-5，电源线采用BV-2×0.5，摄像机通信线采用RVVP-2×1.0（带云台控制另配一根RVVP-2×1.0）。视频线、电源线、通信线共穿ϕ25mm的PC管暗敷设。系统在1层、2层设置了安防报警系统，入侵报警主机安装在监控室内。2层安装了4只红外、微波双鉴探测器，吸顶安装；1层安装了9只红外、微波双鉴探测器，3只紧急呼叫按钮，1只警铃。报警线采用RVV-4×1.0线穿ϕ20mm PC管暗敷设。

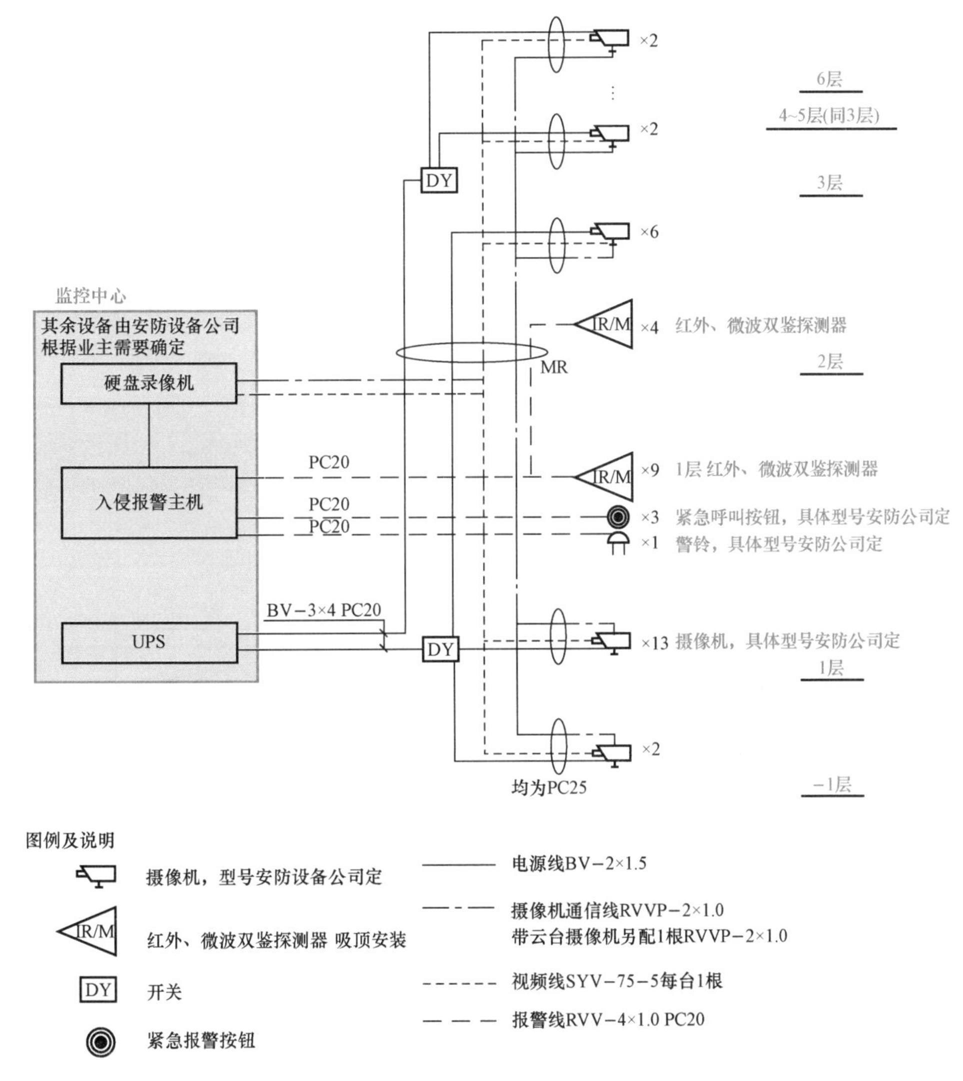

图4-1 某建筑电视监控及报警系统图

图4-2为1层电视监控及报警系统平面图，监控室设置在本层。1层共设置13只摄像机，9只红外、微波双鉴探测器，3只紧急呼叫按钮和1只警铃，具体分布如图4-2所示。从每台摄像机附近吊顶排管经弱电线槽到安防报警接线箱。紧急报警按钮，警铃和红外、微波双鉴探测器直接引至接线箱。

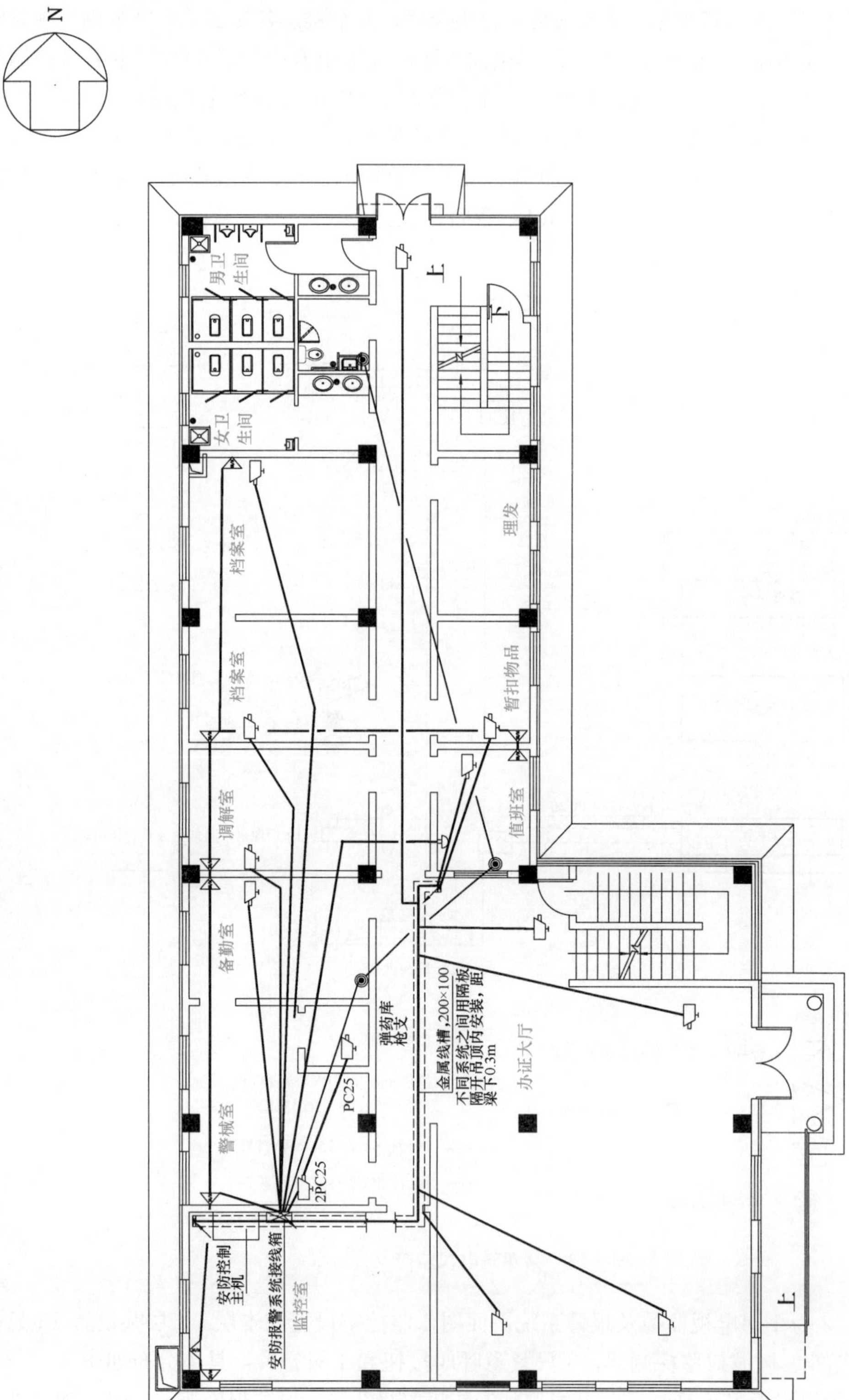

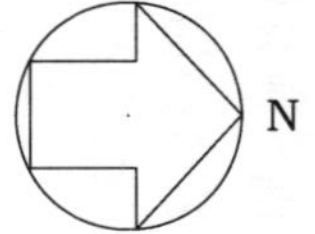

安防控制主机

安防报警系统接线箱

监控室

警械室

备勤室

调解室

档案室

档案室

女卫生间

男卫生间

2PC25

PC25

弹药库
枪支

金属线槽，200×100
不同系统之间用隔板隔开吊顶内安装，距梁下0.3m

办证大厅

值班室

暂扣物品

理发

上

上

下

图4-2　1层电视监控及报警平面图

4.4 共用天线电视系统

4.4.1 系统概述

共用天线电视（Community Antenna Television，CATV）系统，是指共用一组优质天线接收电视台的电视信号，并通过同轴电缆传输、分配给各电视机用户的系统。

在共用天线的基础之上出现了通过同轴电缆、光缆或其组合来传输、分配和交换声音和图像信号的电视系统，称为电缆电视（Cable Television）系统，其简写也是“CATV”，习惯上又常称为有线电视系统。

无论是共用天线电视系统、有线电视系统还是闭路电视系统都是利用电缆进行传送信号的，仅在传输的频道数量上、传送方式上、系统的规模功能上存在一定的差别。

任何一个电缆电视系统无论多么复杂，均可认为是由前端系统、干线传输系统、用户分配网络系统三个部分组成，如图 4-3 所示。

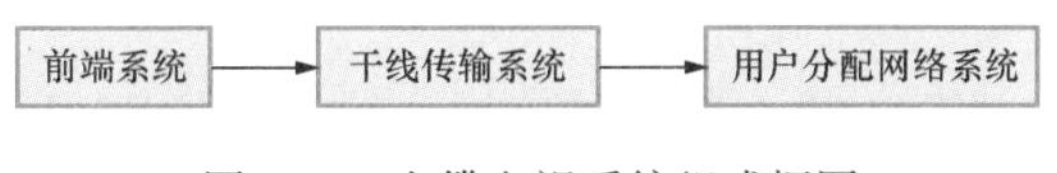

图 4-3　电缆电视系统组成框图

1. 前端系统

前端系统由天线、天线放大器、混合器和宽带放大器组成，它将收到的各种电视信号，经过处理后送入分配网络。分配网络的作用是使用成串的分支器或成串的串接单元，将信号均匀分给各用户接收机。

2. 干线传输系统

干线传输系统主要器件包括干线放大器、电缆或光缆、斜率均衡器、电源供给器、电源插入器等。

干线传输系统的任务是把前端部分输出的高质量信号尽可能保质保量地传送给用户分配系统，若是双向传输系统，还需把上行信号反馈至前端部分。

3. 用户分配网络系统

分配网络系统的主要部件有线路延长放大器、分配放大器、分支器、分配器、用户终端、机上变换器等，对于双向系统还有调制器、解调器、数据终端等设备。该部分是把干线传输来的信号分配给系统内所有的用户，并保证各个用户的信号质量，对于双向传输还需把上行信号传输给干线传输部分。

电缆电视系统的基本组成如图 4-4 所示。

4.4.2 系统分类

1. 按工作频率分类

(1) 全频道系统。该系统工作频率为 48.5～958MHz，其中 VHF 频率段有 DS1～DS12 频道，UHF 频段有 DS13～DS68 频道，在理论上可以容纳 68 个标准频道。

(2) 邻频传输系统。由于国家规定的 68 个标准频道的频率是不连续的、跳跃的，因此在系统内部可以利用这些不连续的频率来设置增补频道，用 Z 来表示。

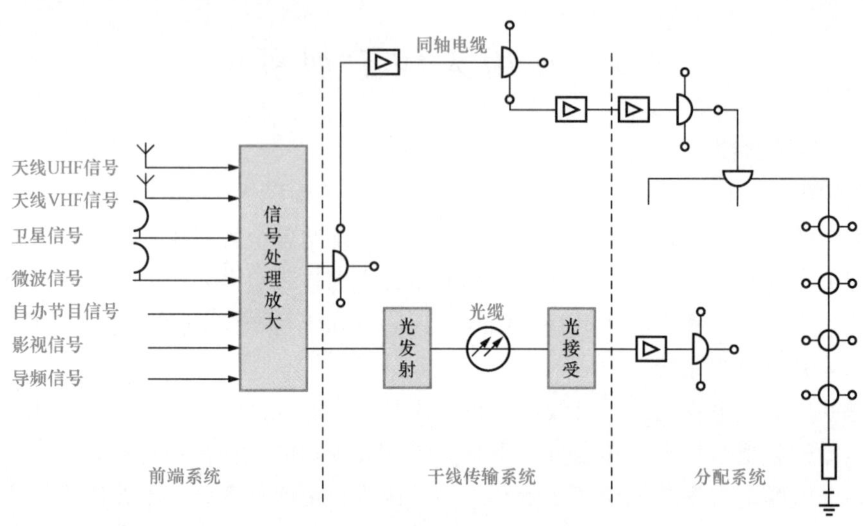

图 4-4　电缆电视系统的基本组成

750MHz 系统最多可以传输 79 个频道的信号，其中有 DS1～DS42 标准频道、Z1～Z37 增补频道。

2. 按系统规模分类

（1）小型系统。传输距离小于 1.5km，人口数量为几万人以下，适用于乡、镇、厂矿企业及居民区等。

（2）中型系统。传输距离为 5～15km，人口数量在 50 万人左右，适用一般中等城市。

（3）大型系统。传输距离大于 15km，人口在 100 万左右，适用于省会级城市。

（4）特大型系统。传输距离大于 20km，人口在 100 万以上，适用于大城市。

3. 按系统传输方式分类

（1）全同轴电缆传输系统。该系统适用于小型系统。

（2）光缆和同轴电缆相结合的传输系统。该系统适用于中型系统。

（3）光缆传输系统。该系统从干线到用户终端均采用光缆，是今后发展的方向。

（4）混合型传输系统。该系统除采用光缆和电缆外，在地形复杂或不易设置电缆的地区采用微波传输信号。一般大中型系统均采用这种形式。

4.4.3　主要器件的功能和电气特性

1. 天线及前端设备

前端设备主要包括天线放大器、混合器、主放大器等。图 4-5 给出了较为典型的一种前端方案。

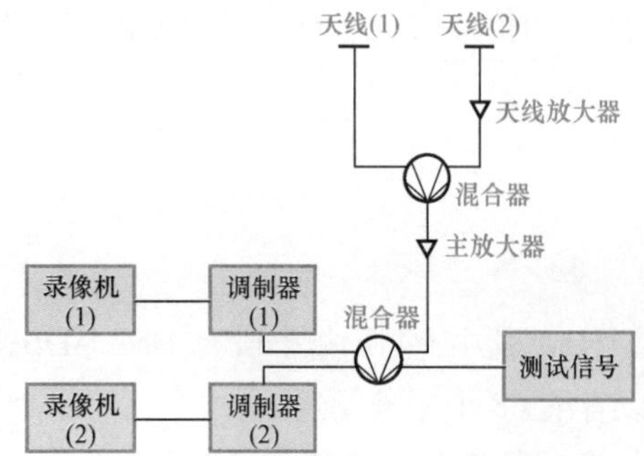

图 4-5　开路电视与闭路电视的混合

天线放大器的作用是提高接收天线的输出电平，它的输入电平一般为50～60dB，输出电平一般为 90dB。

混合器的作用是将不同输入端的信号混合在一起，可以消除因不同天线接收同一信号而互相叠加所产生的重影现象。

主放大器的作用是补偿传输网络中的信号损失，它的输入电平一般为80～90dB，输出电平一般为 110dB。主放大器多采用宽带放大器。对 1～12 频道的信号进行放大者称为 VHF 全频道放大器，简称 V 型放大器。对 13～68 频道的信号放大者称为 UHF 全频道放大器或简称为 U 型放大器。

2. 传输分配网络

传输分配网络分为有源和无源两类。无源分配网络只有分配器、分支器和传输电缆等无源器件，其可连接的用户较少。有源分配网络增加了线路放大器，因而其所接用户数可以增多。

(1) 分配器。分配器的功能是将一路输入信号的能量均等地分配给两个或多个输出的器件。常见的有二分配器、三分配器、四分配器。

(2) 分支器。分支器是串在干线中，从干线耦合部分信号能量，然后分一路或多路输出的器件。在输入端加入信号时，主路输出端加上反向干扰信号时，对主路输出应无影响。所以分支器又称为定向耦合器。

(3) 分配网络的分配方式：全部采用分配器的分配—分配方式，如图 4-6 所示；全部采用分支器的分支—分支方式，如图 4-7 所示；还有分支—分配方式，用于终端不空载、分段平面辐射类型的用户分配；分配—分支方式，用于用户端垂直位置相同、上下成串的多层与高层建筑，节省管线。

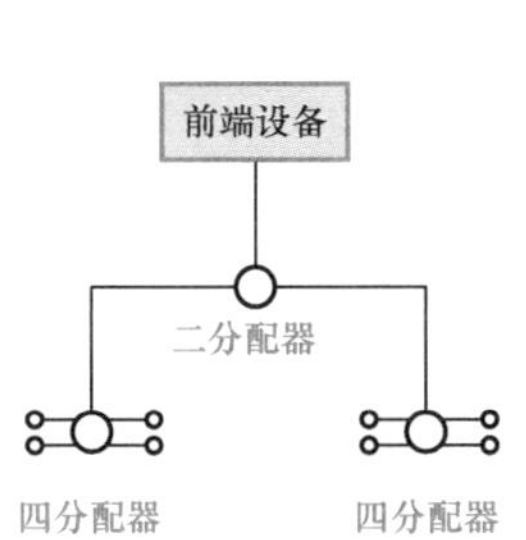

图 4-6 分配—分配方式

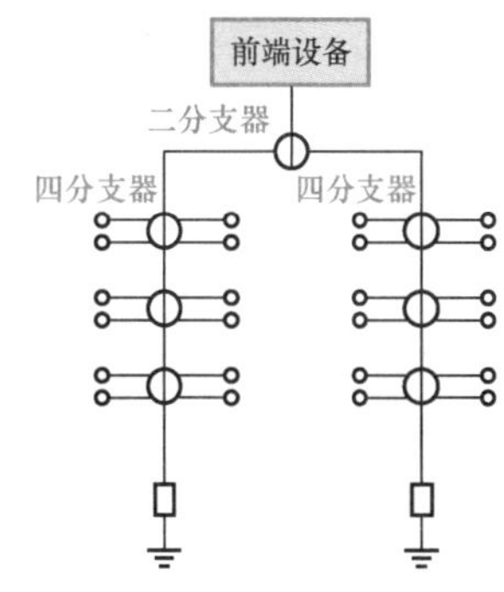

图 4-7 分支—分支方式

(4) 传输电缆。以上各分配系统中各元件之间均用馈线连接，它是提供信号传输的通路，分为主干线、干线、分支线等。馈线一般有平行馈线和同轴电缆（见图 4-8）两种。

3. 用户终端

用户终端是电视信号和调频广播的输出插座，有单孔盒和双孔盒之分。单孔盒仅输出电视信号，双孔盒既能输出电视信号又能输出调频广播的信号。

用户终端可以有明装和暗装两种安装方式，如图 4-9 和图 4-10 所示。

电缆电视系统中各终端的电视信号电平 VHF 段应在 57 ~ 83dB（μV）（即 708μV～14.1mV）。一般应在（73±5）dB（μV）范围内。

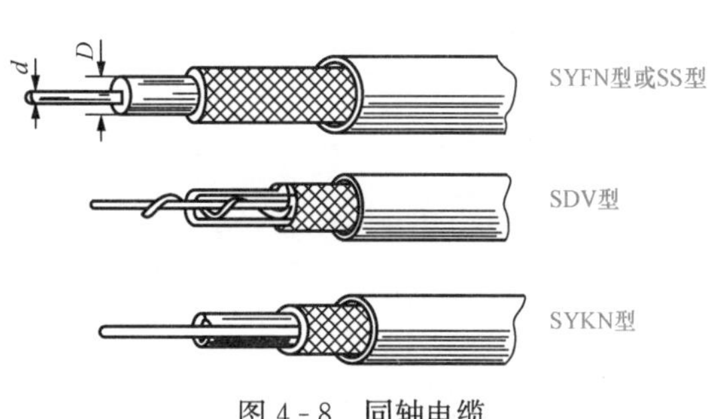

图 4-8 同轴电缆

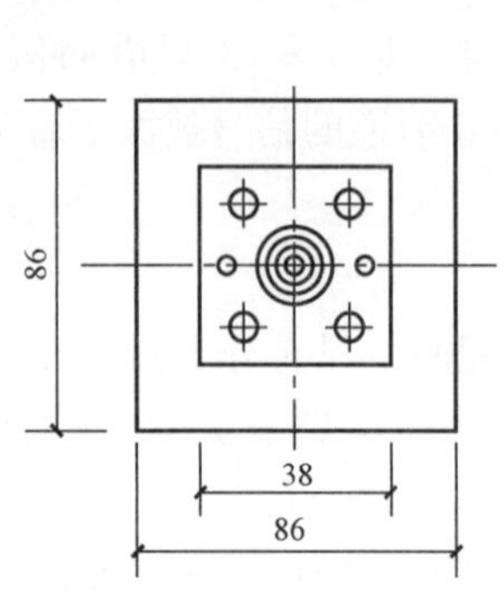

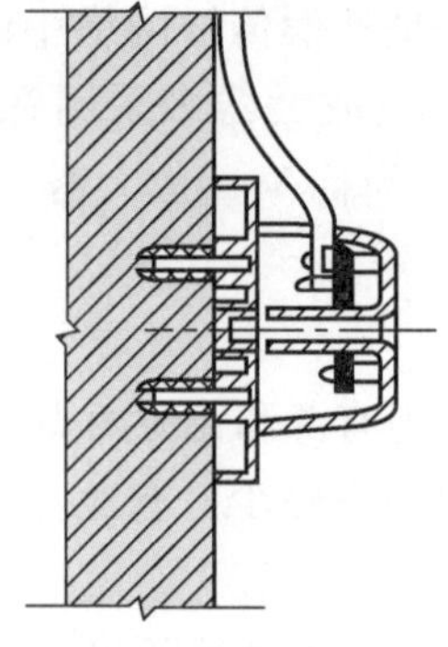

图 4-9　用户盒明装

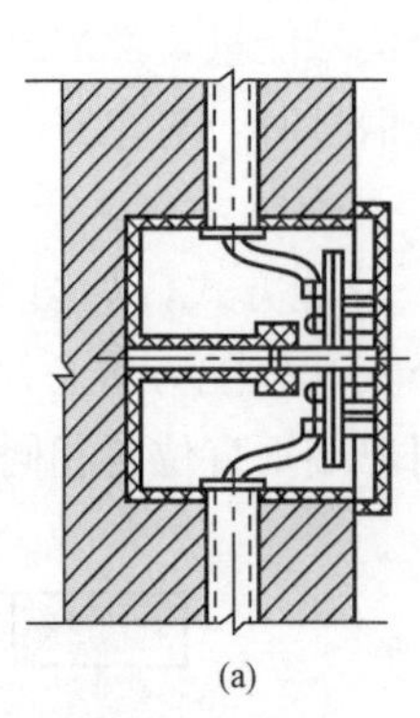

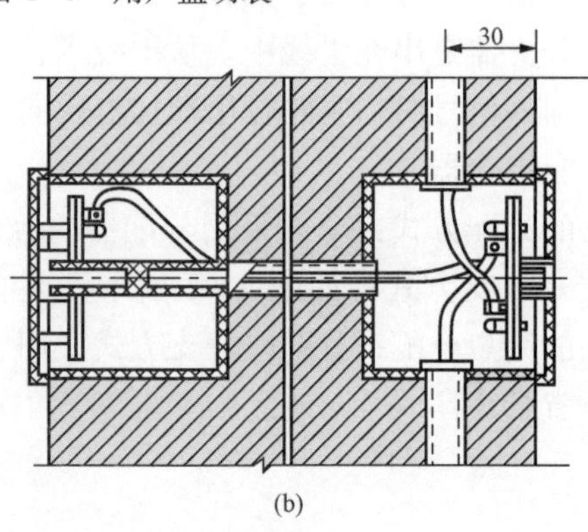

图 4-10　用户盒暗装

(a) 单侧暗装；(b) 双侧暗装

4. 电缆电视系统的施工与安装

(1) 线路应尽量短直，安全稳定，便于施工和维护。

(2) 电缆管道敷设应避开电梯及其他冲击性负荷干扰源，一般应保持 2m 以上距离，与一般电源线（照明）在钢管敷设时，间距不小于 0.5m。

(3) 配管弯曲半径应大于 10 倍管径，应尽量减少弯曲次数。

(4) 预埋箱体一般距地 1.8m，以便于维修安装。

(5) 配管切口不应损伤电缆，伸入预埋箱体不大于 10mm。SYV-75-9 电缆应选 25mm 的管径，SYV-75-5 电缆应选 20mm 的管径。

(6) 管长超过 25m 时，须加接线盒。电缆连接亦应在盒内处理。

(7) 明线敷设时，对有阳台的建筑，可将分配器、分支器设置在阳台遮雨处。

(8) 两建筑物之间架空中电缆时，应预先拉好钢索绳，然后挂上电缆，不宜过紧。

(9) 电缆线路可以和通信电缆同杆架设。

4.5　有线电视系统图识读

1. 系统图

图 4-11 为某建筑共用天线电视系统图，从图中可以看出，该共用天线电视系统采用分

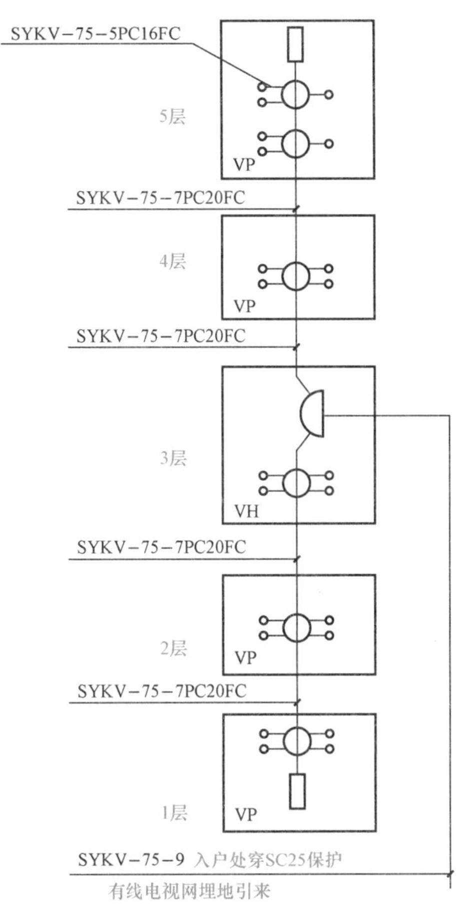

图 4-11　某建筑共用天线电视系统图

配一分支方式。系统干线选用 SYKV-75-9 型同轴电缆，穿管径为 25mm 的钢管埋地引入，在 3 层处由二分配器分为两条分支线，分支线采用 SYKV-75-7 型同轴电缆，穿管径为 20mm 的硬塑料管暗敷设。在每一楼层用四分支器将信号通过 SYKV-75-5 型同轴电缆传输至用户端，穿管径为 16mm 的硬塑料管暗敷设。

2. 平面图

图 4-12 为某建筑共用天线电视系统的 5 楼有线电视平面图。有线电视的电缆型号 SYKV-75-7，配管 PC 从底楼引入，敷设到弱电信息箱内，信息箱距地 0.4m 明敷。每个办公室安装一只电视终端出线盒，共有电视终端出线盒 6 只，电视电缆型号 SYKV-75-5，均引至楼层弱电信息箱的分支器。电缆配管 PC16，暗敷在墙内。出线盒暗敷在墙内，离地 0.3m。

4.6　有线电视系统识图实例

4.6.1　某综合教学楼有线电视系统设计

有线电视系统工程，是以传送电视信号为主，以有线方式进行图像及其伴音信息的收发、传送、处理、分配和应用的信息工程系统。有线电视系统一般由信号源、前端设备、传

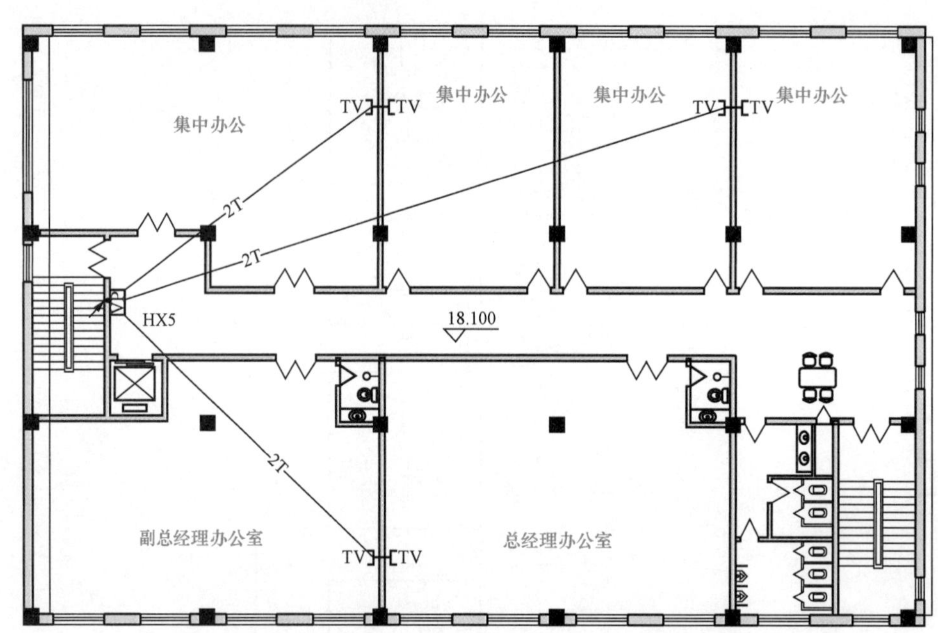

图 4 - 12　某建筑共用天线电视系统 5 楼有线电视平面图

输干线和用户分配网络几个部分组成。

系统首先从室外引入有线电视网络，进户端在监控室，即前端电视机房。主干线缆采用 SYWV-75-9 型，支线缆采用 SYWV-75-7、SYWV-75-5 型。

该建筑采用分配—分配—分支的形式进行信号的分配，为了满足要求的信号末端电平为 (73±5)dB，在设备竖井内加设放大器，如图 4 - 13 所示。

4.6.2　某酒店有线电视设计

有线电视信号引自市内有线电视网，系统噪声指数不大于 45dB，电视系统传输干线选用 SYKV-75-9 型同轴电缆穿 SC25 保护，用户线选用 SYKV-75-5-1 型同轴电缆，水平方向穿钢管顶板内敷设，电视插座、前端箱下沿距地 0.5m，前端箱内放大器电源引自就近照明电源。放大器箱分支分配箱均在竖井内。用户插座暗装以达到美观要求，底边距地 0.35m。为保证用户信号质量，终端电平保证 (75±5)dB。系统图如图 4-14 所示。

系统采用分配—分支—分配方式。两套系统共同传输，即市网一路，开路信号一路。具体分配方式为：市有线电视信号通过电缆引至地下一层弱电间的前端箱，再通过死分配器引出四路电缆，在每一路上串联四个四分支器给各层，再连接到设于走廊中分支分配箱中的四分配器，以满足各终端的需求。

4.6.3　某高层住宅有线电视设计

本工程电视系统，是由市网一路埋地入户，实测场强 63dBμV/m；CATV 系统，设三套开路电视，接收点场强实测值为：CH2，E_2 = 60dBμV/m；CH6，E_6 = 52dBμV/m；CH12，E_{12} = 65dBμV/m。

系统信噪比不大于 45dB，不设演播室，2 号楼层面预留设置卫星天线，预留市政有线电视网信号引入屋面卫星天线机房的前端设备处。

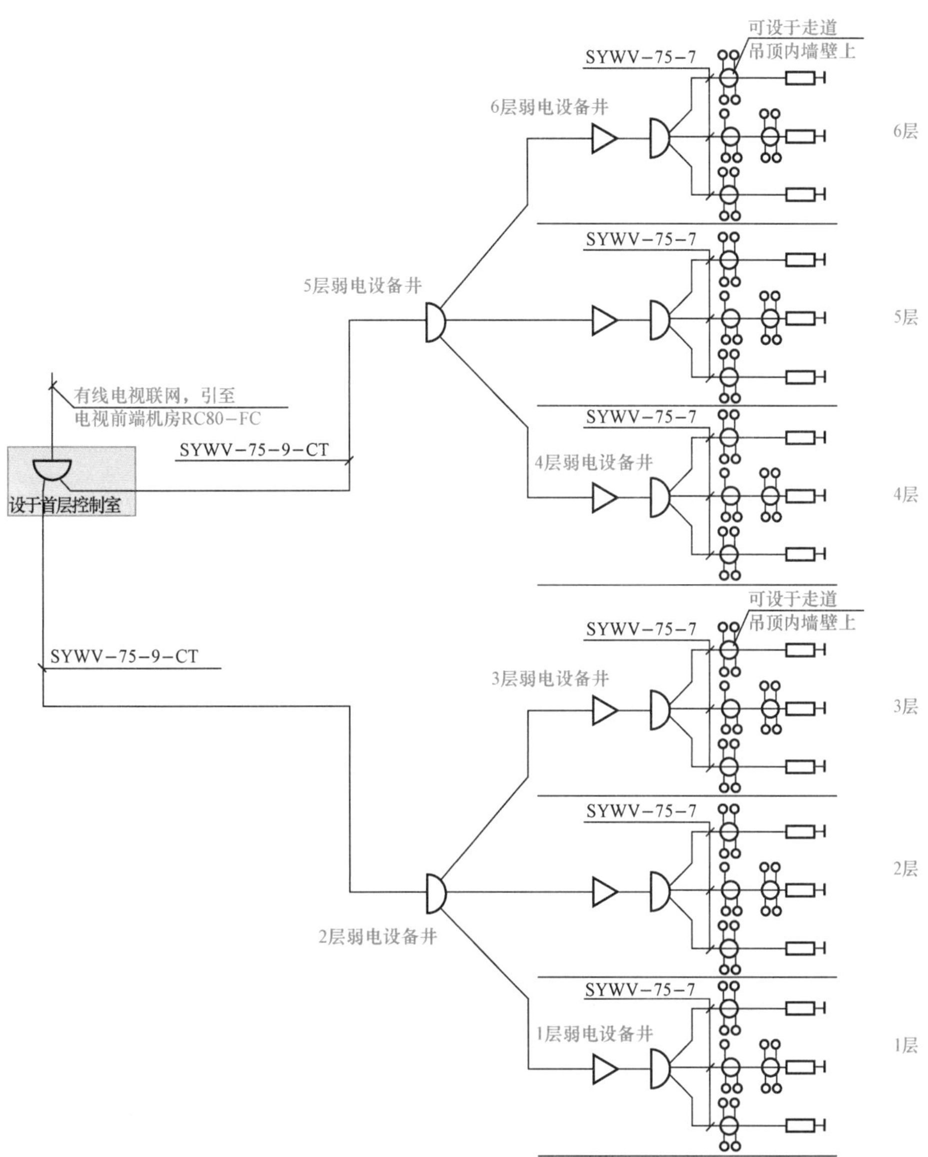

图 4-13 某综合教学楼有线电视系统图

有线电视系统采用 862MHz 邻频双向网络传输技术，信号传输网络由同轴射频电缆、放大器和分支分配器组成，系统经双向放大器放大，以分支分配方式设计。主干信号电缆沿弱电井道内垂直槽式桥架敷设，分支分配器至终端的同轴电缆穿金属管暗敷，所有器件均满足 862MHz 频宽的要求。

在各需要处设置电视终端，除注明外，出线盒采用 86 型金属盒。

系统主要技术参数为：终端电视信号电平，(73±5)dB，图像标准达四级以上；系统载噪比不小于 44dB；交扰调制比不小于 47dB；载波互调比不小于 58dB。

其电视监控系统图如图 4-15 所示。

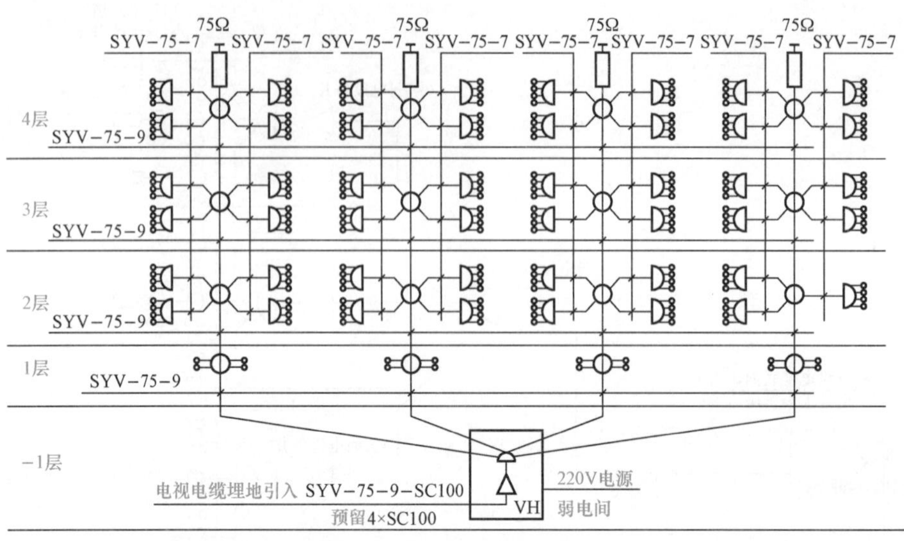

图 4-14　某酒店有线电视系统图

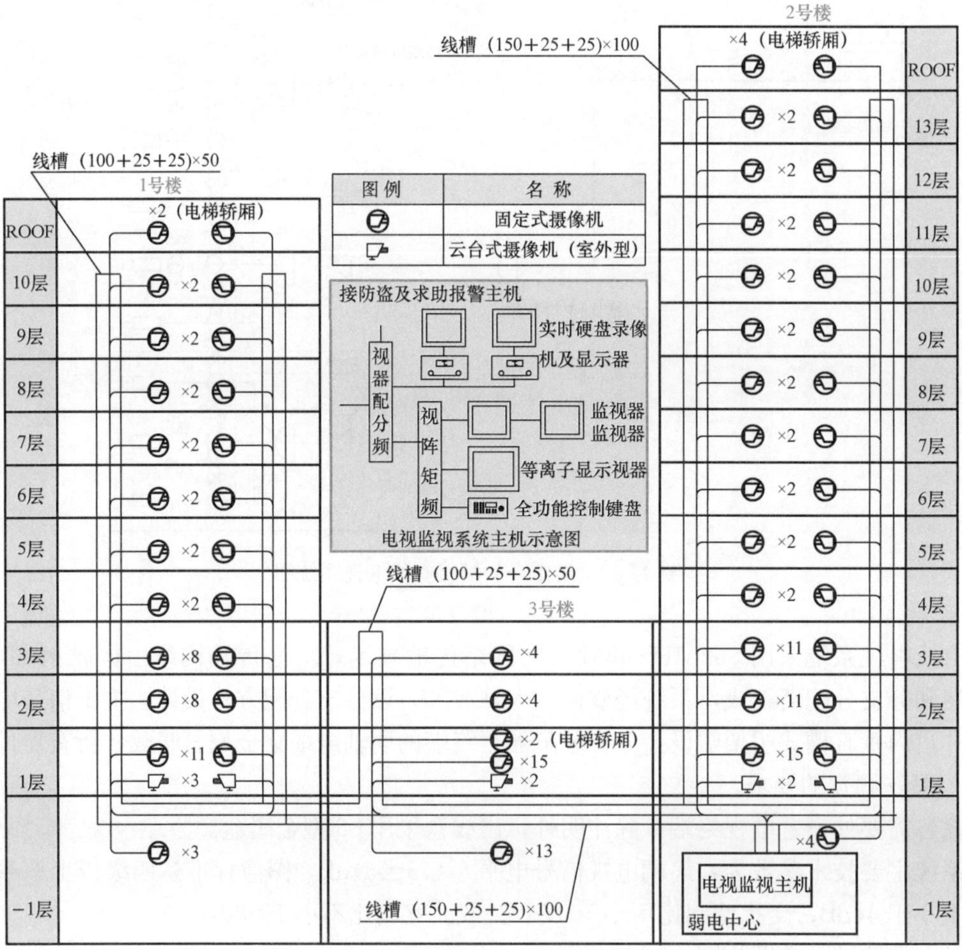

线槽 (100+25+25)×50

1号楼

线槽 (150+25+25)×100

2号楼

×4（电梯轿厢）

×2（电梯轿厢）

图例	名称
	固定式摄像机
	云台式摄像机（室外型）

接防盗及求助报警主机

视器配分频

实时硬盘录像机及显示器

视阵矩频

监视器

监视器

等离子显示视器

全功能控制键盘

电视监视系统主机示意图

线槽 (100+25+25)×50

3号楼

ROOF、10层、9层、8层、7层、6层、5层、4层：×2

3层：×8

2层：×8

1层：×11、×3

-1层：×3

3号楼 3层：×4；2层：×4；1层：×2（电梯轿厢）、×15、×2；-1层：×13

2号楼 13层～4层：×2；3层：×11；2层：×11；1层：×15、×2；-1层：×4

电视监视主机

弱电中心

线槽 (150+25+25)×100

图 4-15　某高层住宅有线电视系统图

第5章

建筑电话通信系统

5.1　电话通信系统的组成

电话通信系统的基本目标是实现某一地区内任意两个终端用户之间进行通话，因此电话通信系统必须具备三个基本要素：①发送和接收话音信号；②传输话音信号；③话音信号的交换。

这三个要素分别由用户终端设备、传输设备和电话交换设备来实现。一个完整的电话通信系统由终端设备、传输设备和交换设备三大部分组成，如图5-1所示。

图5-1　电话通信系统的组成

1. 用户终端设备

常见的用户终端设备有电话机、传真机等，随着通信技术与交换技术的发展，又出现了各种新的终端设备，如数字电话机、计算机终端等。

（1）电话机的组成。电话机一般由通话部分和控制系统两大部分组成。通话部分是话音通信的物理线路连接，以实现双方的话音通信，它由送话器、受话器、消侧音电路组成；控制系统实现话音通信建立所需要的控制功能，由叉簧、拨号盘、极化铃等组成。

（2）电话机的基本功能。

1）发话功能，通过压电陶瓷器件将话音信号转变成电信号向对方发送。

2）受话功能，通过碳砂式膜片将对方送来的话音电信号还原成声音信号输出。

3）消侧音功能，话机在送、受话的过程中，应尽量减轻自己的说话音通过线路返回受话电路。

4）发送呼叫信号、应答信号和挂机信号功能。

5）发送选择信号（即所需对方的电话号码）供交换机作为选择和接线的根据。

6）接收振铃信号及各种信号音功能。

（3）电话机的分类。

1）按电话制式来分，可分为磁石式、共电式、自动式和电子式电话机。

2）按控制信号划分，可分为脉冲式话机、双音多频（DTMF）式话机和脉冲/双音频兼容（P/T）话机。

3）按应用场合来分，可分为台式、挂墙式、台挂两用式、便携式及特种话机（如煤矿用话机、防水船舶话机和户外话机等）。

2. 电话传输系统

在电话通信网中，传输线路主要是指用户线和中继线。在图 5-2 所示的电话网中，A、B、C 为其中的 3 个电话交换局，局内装有交换机，交换可能在一个交换局的两个用户之间进行；也可能在不同的交换局的两个用户之间进行，两个交换局用户之间的通信有时还需要经过第三个交换局进行转接。

常见的电话传输媒体有市话电线电缆、双绞线和光缆。为了提高传输线路的利用率，对传输线路常采用多路复用技术。

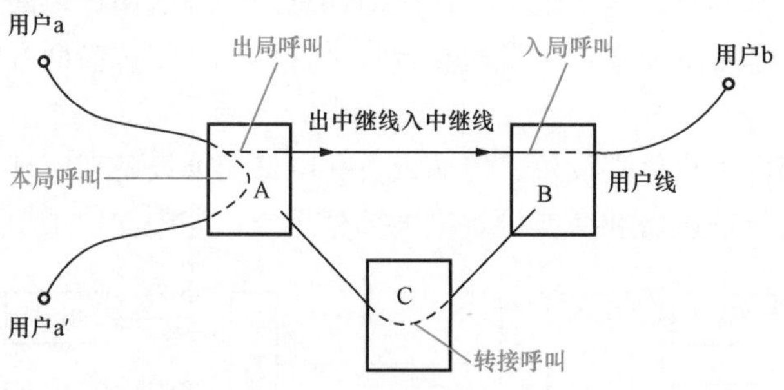

图 5-2　电话传输示意图

3. 电话交换设备

电话交换设备是电话通信系统的核心。电话通信最初是在两点之间通过原始的受话器和导线的连接由电的传导来进行，如果仅需要在两部电话之间进行通话，只要用一对导线将两部电话机连接起来就可以实现。但如果有成千上万部电话机之间需要互相通话，则不可能采用个个相连的办法。这就需要有电话交换设备，即电话交换机，将每一部电话机（用户终端）连接到电话交换机上，通过线路在交换机上的接续转换，就可以实现任意两部电话机之间的通话。

目前主要使用的电话交换设备是程控交换机。程控是指控制方式，即存储程序控制（Stored Program Control，SPC），它是把电子计算机的存储程序控制技术引入电话交换设备中。这种控制方式是预先把电话交换的功能编制成相应的程序（或称软件），并把这些程序和相关的数据都存入存储器内。当用户呼叫时，由处理机根据程序所发出的指令来控制交换机的操作，以完成接续功能。

在现代化建筑大厦中的程控用户交换机，除了基本的线路接续功能之外，还可以完成建筑物内部用户与用户之间的信息交换，以及内部用户通过公用电话网或专用数据网与外部用户之间的话音及图文数据传输。程控用户交换机通过控制机配备的各种不同功能的模块化接口，可组成通信能力强大的综合数据业务网（ISDN）。程控用户交换机的一般性系统结构如图 5-3 所示。

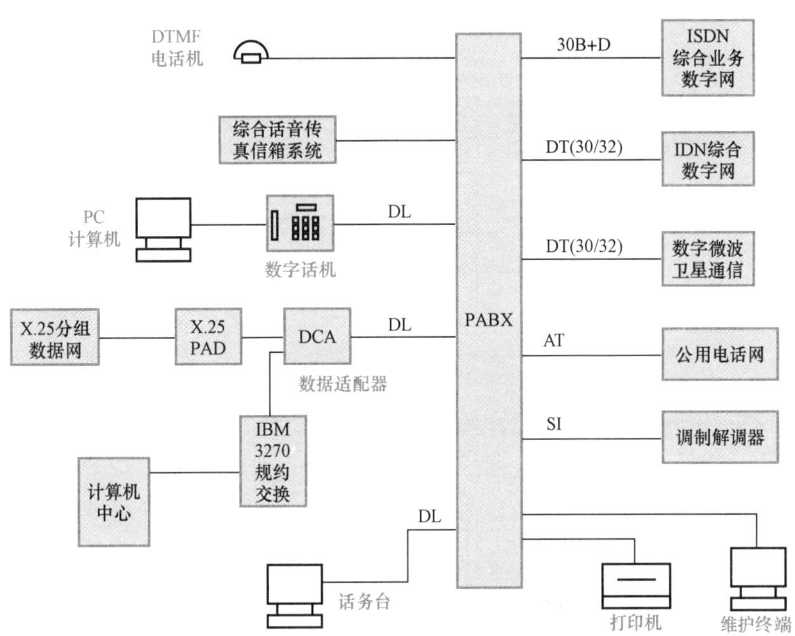

图 5-3　程控用户交换机一般性系统结构

5.2　建筑电话通信系统工程图识读

建筑电话通信系统工程图同样由系统图和平面图组成，它是指导具体安装的依据。建筑电话通信系统通常是通过总配线架和市话网连接。在建筑物内部一般按建筑层数、每层所需电话门数以及这些电话的布局，决定每层设几个分接线箱。自总配线箱分别引出电缆，以放射式的布线形式引向每层的分接线箱，由总配线箱与分接线箱依次交接连接。也可以由总配线架引出一路大对数电缆，进入一层交接箱，再由一层交接箱除供本层电话用户外，引出几路具有一定芯线的电缆，分别供上面几层交接箱。

1. 系统图

图 5-4 为某建筑电话通信系统图，该电话通信系统采用 HYA-50（2×0.5）SC50WCFC 型线缆自电信局埋地引入建筑物，埋设深度为 0.8m。再由一层电话分接线箱 HX1 引出 3 条电缆，其中一条供本楼层电话使用，一条引至 2、3 层电话分接线箱，还有一条供给 4、5 层电话分接线箱，分接线箱引出的支线采用 RVB-2×0.5 型绞线穿塑料 PC 管敷设。

2. 平面图

电话通信系统平面图如图5-5 所示。5 层电话分接线箱信号通过 HYA-10（2×0.5mm）型电缆由 4 楼分接线箱引入。每个办公室有电话出线盒 2 只，共 12 只电话出线盒。各路电话线均单独从信息箱分出，分接线箱引出的支线采用 RVB-2×0.5 型双绞线，穿 PC 管敷设。出线盒暗敷在墙内，离地 0.3m。

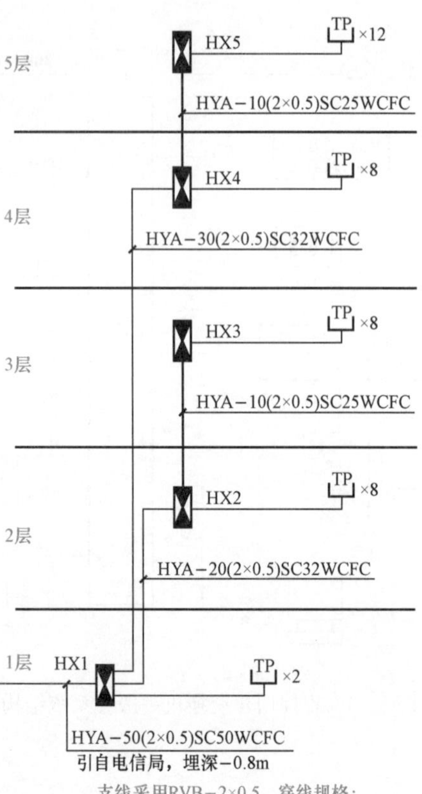

图 5－4　某建筑电话通信系统图

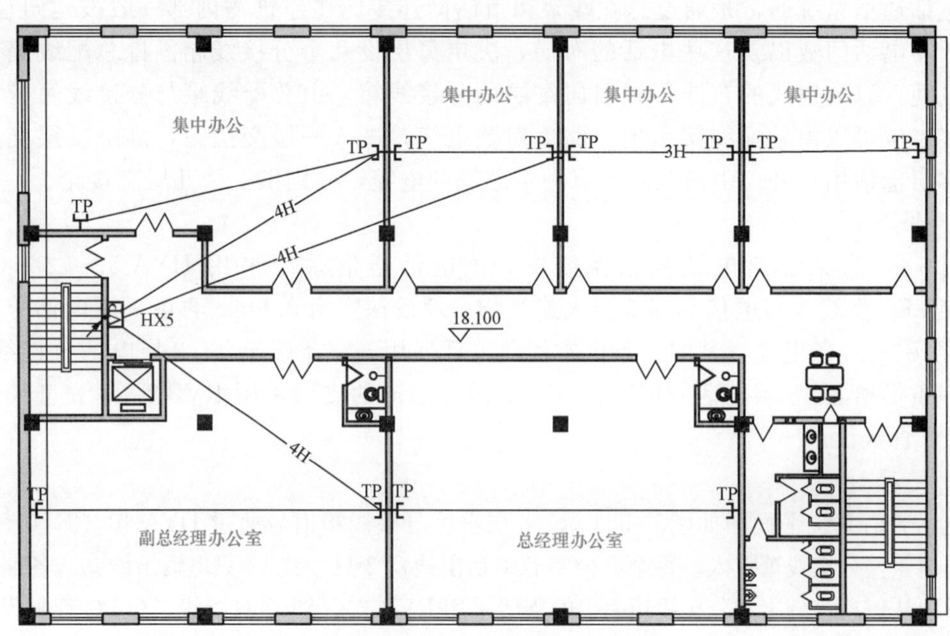

图 5－5　某建筑电话通信系统平面图

5.3 电话系统设计实例

5.3.1 某高校综合教学楼电话系统设计

对高等学校的综合教学楼，对于电话插孔的设计预留，只考虑首层的监控室和每层的休息室及教师休息室，这些场所的布线，因此对于设计预留电话位约为30门，因系统较小，故考虑在首层监控室设置总进线电话箱。其首层弱电平面图如图5-6所示。

另外，学校设有活动室布线及扩声系统，如图5-7所示。

5.3.2 某高层住宅楼电话系统设计

电话系统采用HYV型电缆由室外（手孔）穿钢管埋地引入至一层弱电间总交接箱，后经机架端接后，沿桥架至各层井总配线架、跳线后沿电缆桥架至各层电井内壁装跳线架，后从跳线架沿走廊内金属桥架至用户终端，如图5-8和图5-9所示。

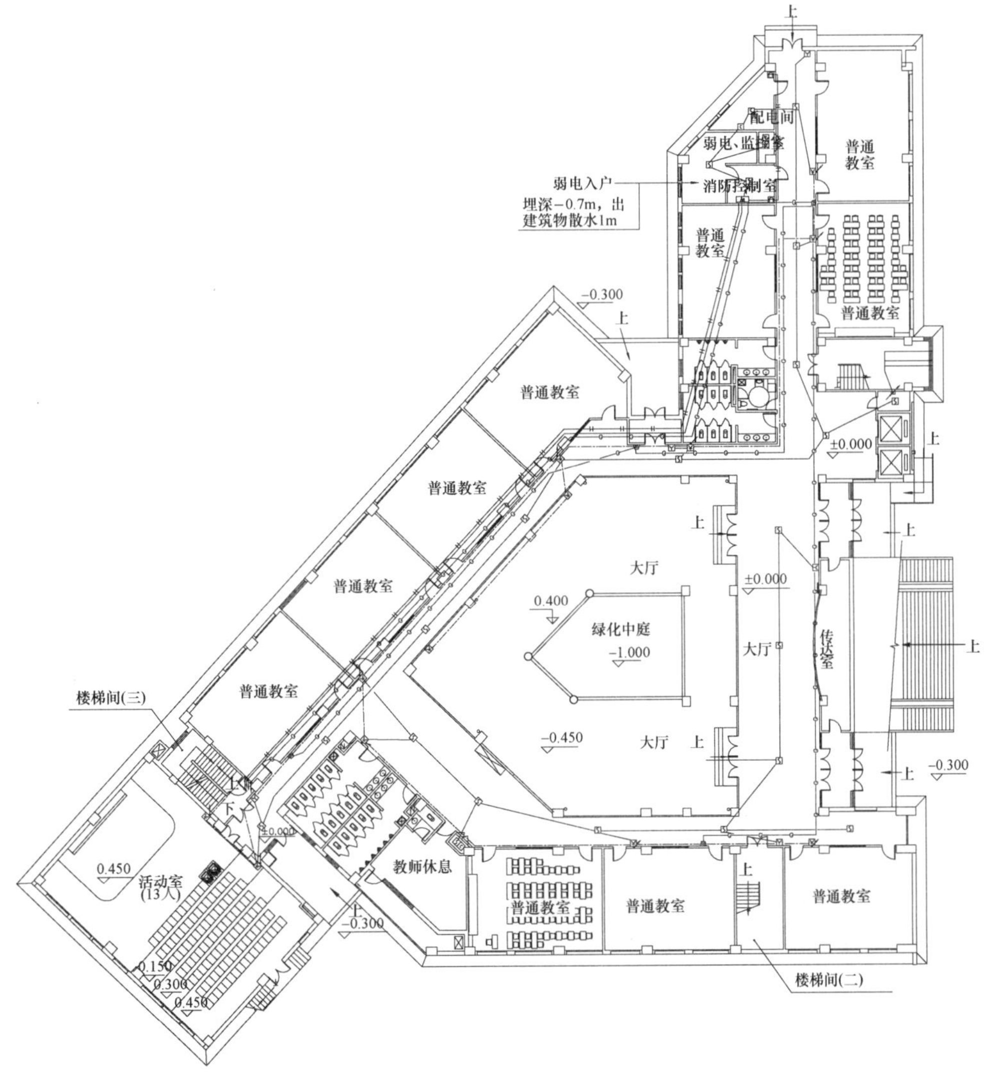

图5-6 某高校综合教学楼首层弱点平面图

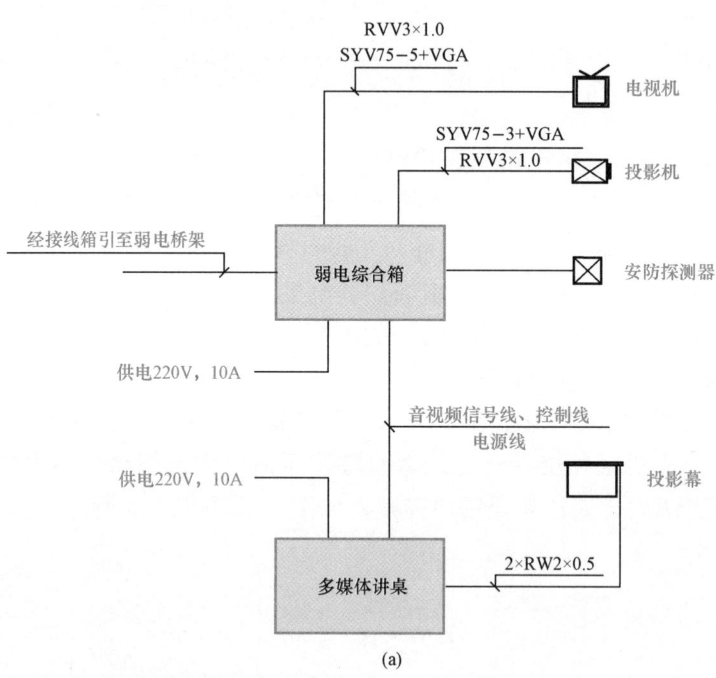

(a)

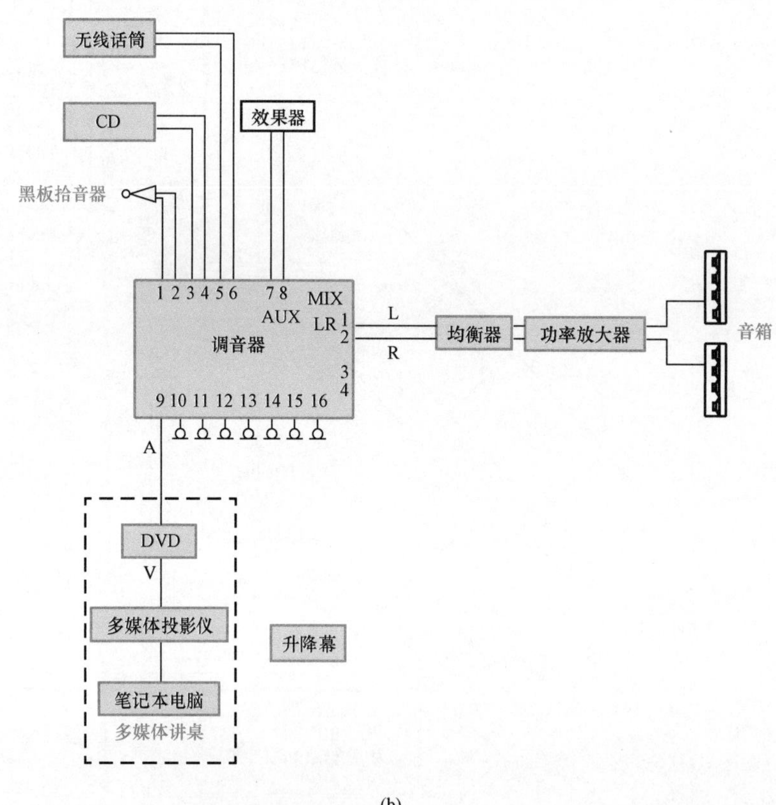

(b)

图 5-7　某高校综合教学楼电话系统活动室布线及扩声系统图

(a) 活动室布线系统框图；(b) 活动室扩声系统框图

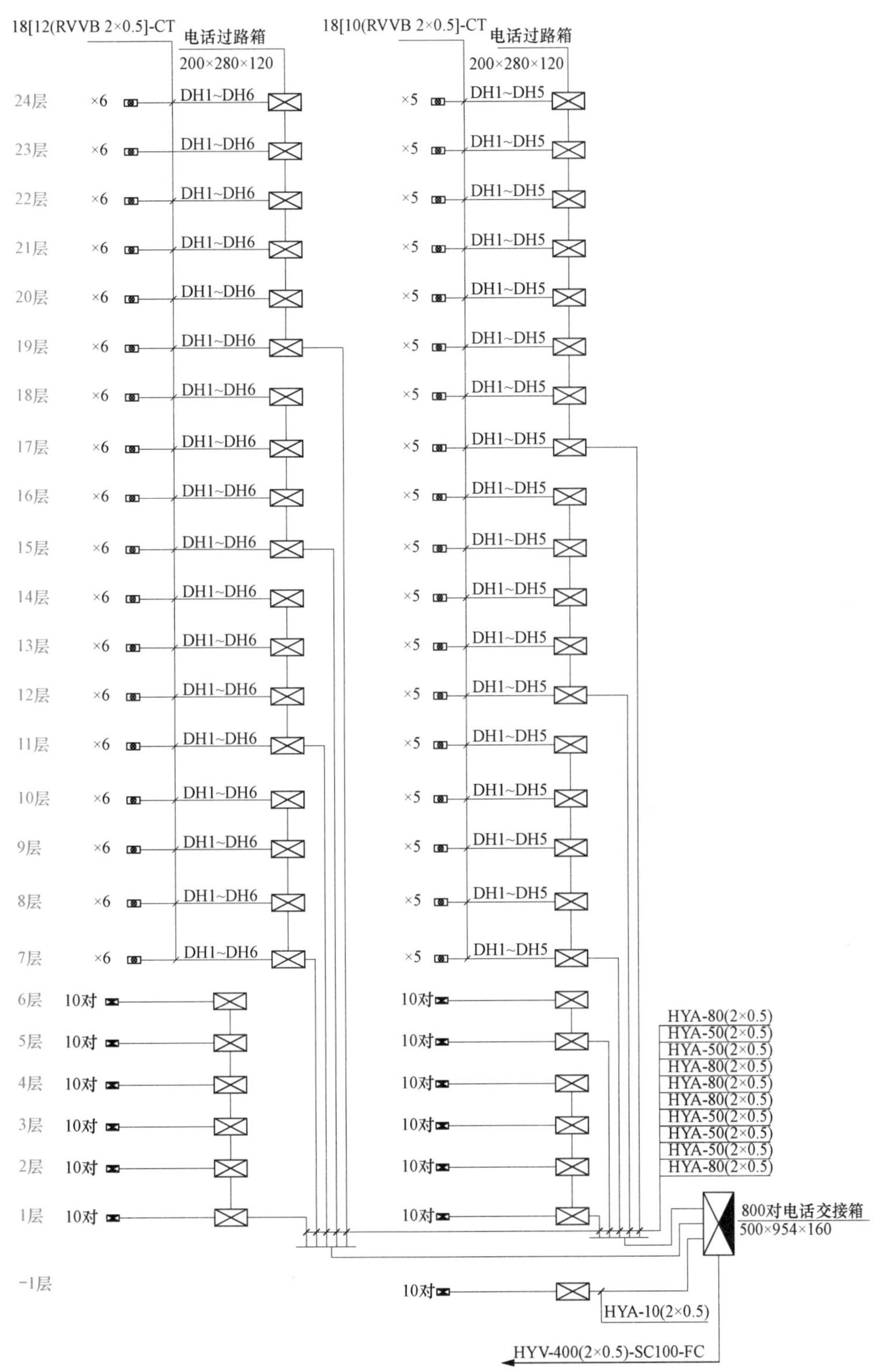

图 5-8 某高层住宅楼电话系统图

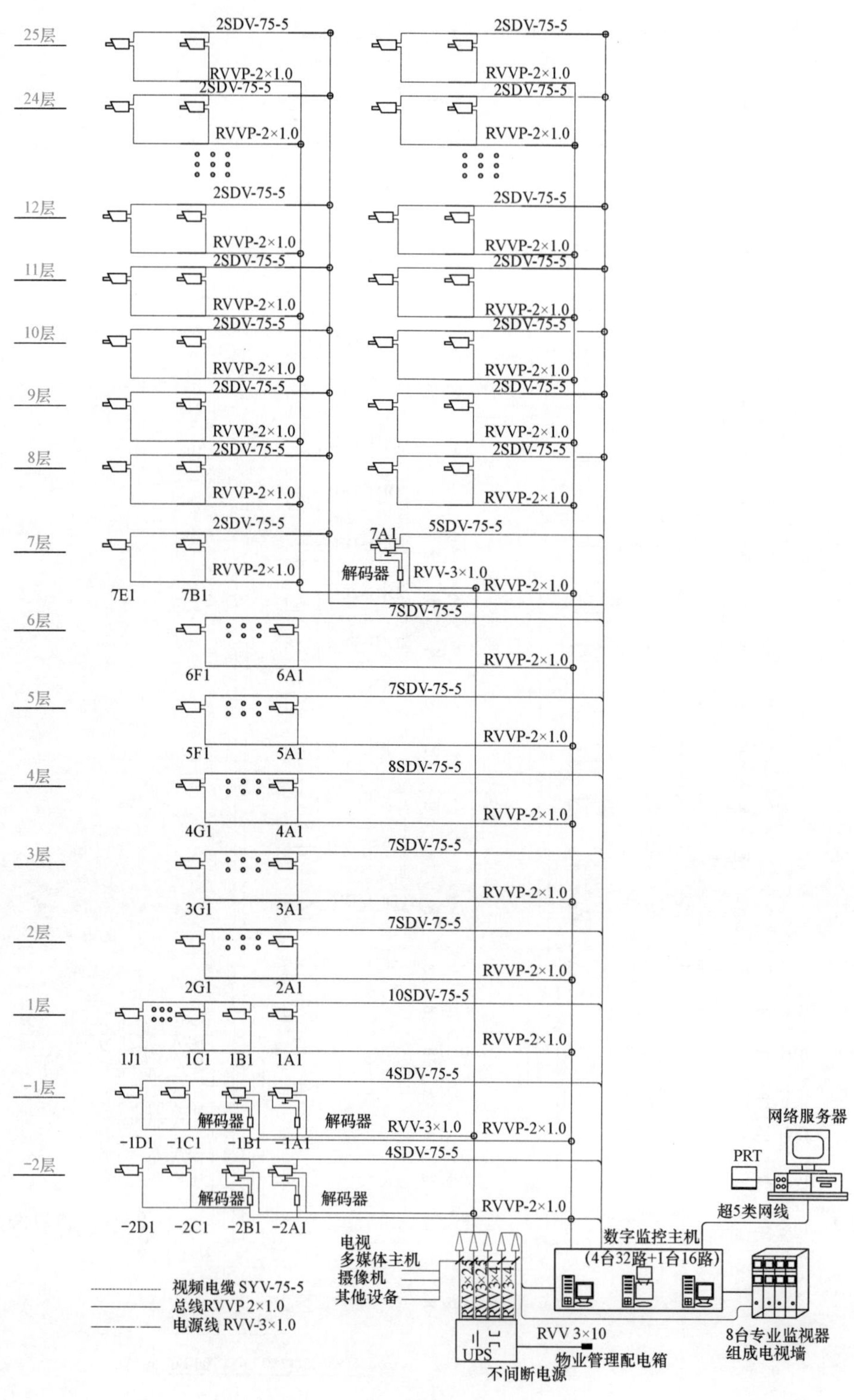

图 5-9　某高层住宅楼监控系统图

第6章 停车场管理系统

6.1 停车场管理系统功能及构成

1. 停车场车辆管理系统功能

(1) 车辆驶近入口时，可看到停车场指示信息标志，标志牌显示入口方向与停车场内空余车位的情况。

(2) 车辆驶过栏杆门后，栏杆自动放下，阻挡后续车辆进入。

(3) 进场的车辆在停车引导灯指引下，停在规定的位置上。

(4) 车辆离场时，汽车驶近出口电动栏杆处，出示停车凭证，并经验读器识别出行车辆的停车编号与出场时间，出口车辆摄像识别器提供车牌数据与验读器读出的数据一起送如管理系统，进行计费。

2. 停车场车辆管理系统的组成

停车场车辆管理系统一般分为三个部分：车辆出入的检测与控制、车位和车满的显示与管理、计时收费管理。停车场出口系统结构如图6-1所示、入口系统结构如图6-2所示。

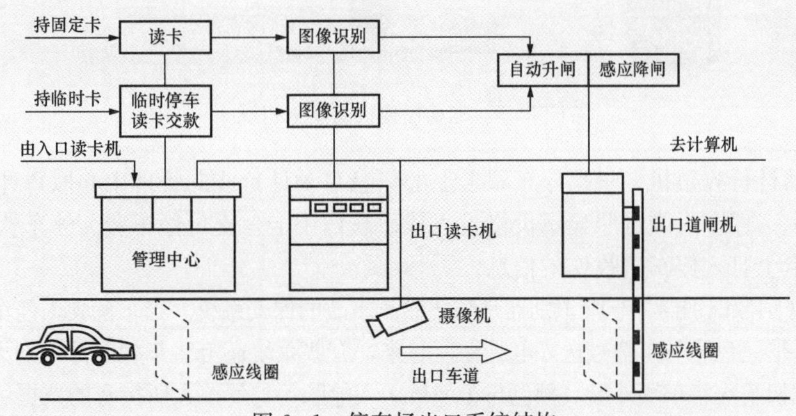

图6-1 停车场出口系统结构

6.2 停车场管理系统的主要设备

停车场管理系统的主要设备有出入口票据验读器、电动栏杆、自动计价收银机、车牌图像识别器、管理中心等。

(1) 出入口票据验读器。停车有临时停车、短期租用停车位与停车位租用三种情况，因

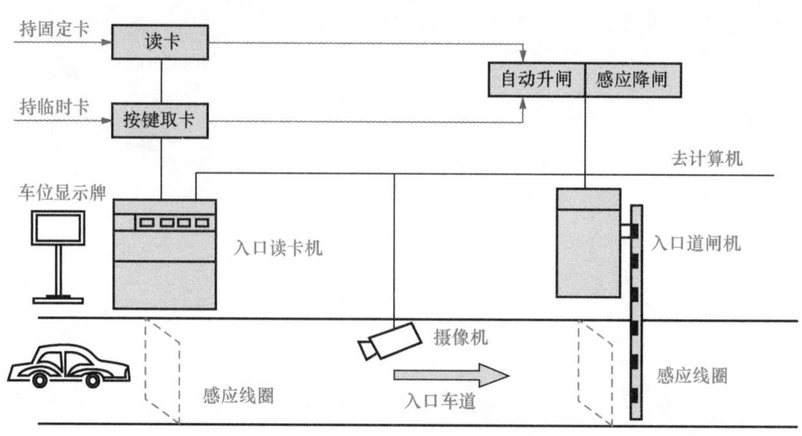

图 6-2　停车场入口系统结构

而对停车人持有的票据卡上的信息要作相应的区分。停车场的票据卡有条形码卡、磁卡与IC卡三种类型，因此，出入口票据验读器的停车信息阅读方式可以有条形码读出、磁卡读写和IC卡读写三类。无论采用哪种票据卡，票据验读器的功能都是相似的。

（2）电动栏杆。电动栏杆由票据验读器控制。如果遇到冲撞，立即发出报警信号，栏杆受汽车碰撞后会自动落下，不会损坏电动栏杆机与栏杆。电动栏杆机的基本组成如图 6-3 所示。

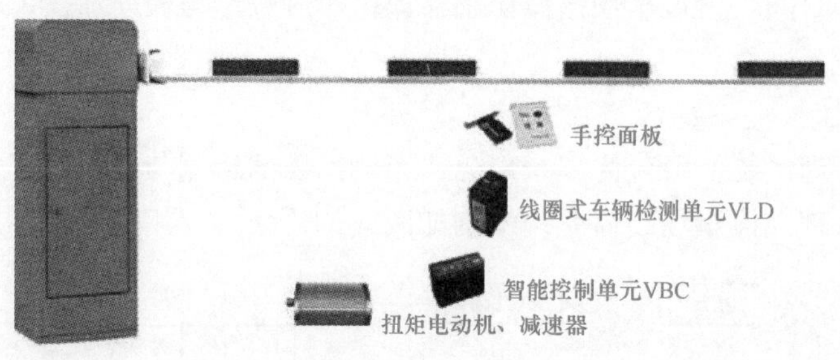

图 6-3　电动栏杆机的基本组成

（3）自动计价收银机。根据停车票卡上的信息自动计价或向管理中心取得计价信息，并向停车人显示。停车人则按照显示价格投入钱币或信用卡，支付停车费。停车费结清后，则自动在票据卡上打入停车费收讫的信息。

（4）车牌图像识别器。车牌识别器是防止偷车事故的保安系统。当车辆驶入停车场入口，摄像机将车辆外形、色彩与车牌号送入电脑保存起来，有些系统还可将车牌图像识别为数据。车辆出场前，摄像机再次将车辆外形、颜色与车牌号送入电脑，与驾车人所持有的票据编号的车辆在入口时的信息相比，若两者相符合即可放行。

（5）管理中心。管理中心主要由功能较强的PC机和打印机等外围设备组成。

6.3　停车场管理系统图的识读

6.3.1　停车场系统图识图

图 6-4 为某一进一出停车场的系统图。系统主要设备有出入口读卡机、电动栏杆、地

感线圈、出入口摄像机、手动按钮、管理电脑等。出入口道闸可以手动和自动抬起、落下。管理电脑和读卡机之间，读卡机和道闸之间均采用 RVVP-6×0.75 线缆。地感和道闸之间采用 BV-2×1.0 线缆，手动按钮和道闸之间采用 RVVP-6×0.75 线缆；管理电脑和摄像机之间采用 128P-75 的视频电缆。图 6-5为停车场自动管理系统平面图，图中显示了停车场自动管理系统各设备之间的电气联系。读图时将图 6-4 与图 6-5 对照分析。

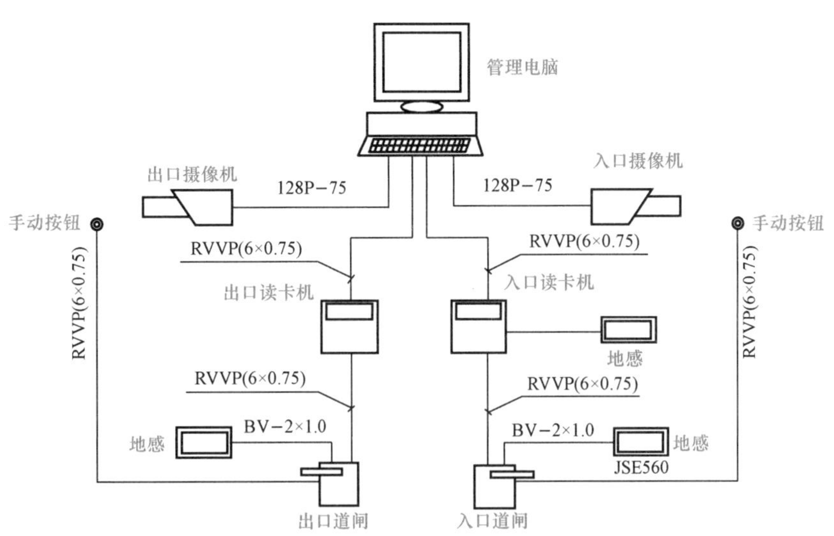

图 6-4　某一进一出停车场系统图

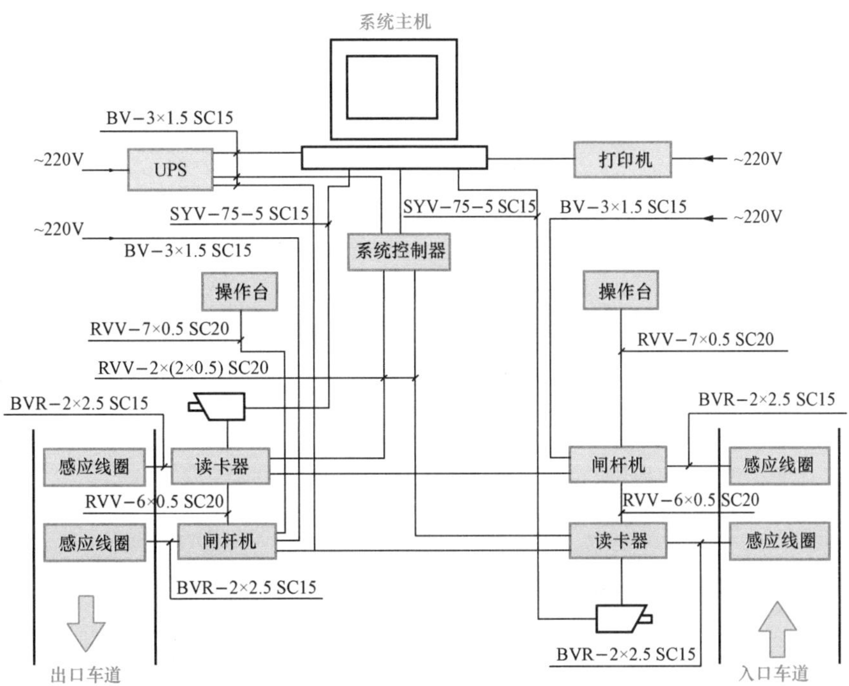

图 6-5　停车场自动管理系统平面图

6.3.2 商住两用停车场管理系统识图实例

该停车场管理系统（见图6-6，见文后插页）具备自动发卡、语音提示、图像识别、开闸、落闸自动控制和防砸车等功能。进入停车场的车辆经读卡后，通过岗亭值勤人员确认进入指定的空位。停车场管理系统是由管理中心的工作站、停车场控制器、闸栏、出/收卡机或读卡器、传输总线构成停车场管理网络。通过对停车场出入口的控制，完成对车辆进出的有效管理。停车场管理系统可根据楼内的出入口多样性实现集中式的多进多出管理。功能要求如下：入口处车位有无显示，出入口及厂内通道的行车指示；车牌和车型的自动识别，读卡识别；防砸车，防止车辆跟车出入场，并提供报警；车辆进出及存放时间的记录、查询；区内车辆存放的管理；发生意外情况时报警。

第7章

综合布线系统图识读

7.1 综合布线系统概述

综合布线是建筑物内或建筑群之间的一个模块化、灵活性极高的信息传输通道，是智能建筑的“信息高速公路”，它涵盖了建筑物外部网络和电信线路的连线点与应用系统设备之间的所有线缆以及相关的连接部件。它既能使语音、数据、图像设备和交换设备与其他按钮信息管理系统彼此相连，也能使这些设备与外部通信网相连接。

综合布线由不同系列和规格的部件组成，其中包括传输介质、相关连接硬件（如配线架、连接器、插座、插头、适配器）以及电气保护设备等。

综合布线系统分为基本型、增强型和综合型三个等级。

1. 基本型综合布线系统

基本型综合布线系统是一个经济有效的布线方案。它支持语音或综合型语音/数据产品，并能够全面过渡到数据的异步传输或综合型布线系统。

（1）基本配置。

1）每一个工作区有1个信息插座。

2）每个工作区的配线为1条4对双绞电缆。

3）完全采用110A交叉连接硬件，并与未来的附加设备兼容。

4）每个工作区的干线电缆至少有2对双绞线。

（2）基本特性。

1）能够支持所有语音和数据传输应用。

2）支持语音、综合型语音/数据高速传输。

3）便于维护人员维护、管理。

4）能够支持众多厂家的产品设备和特殊信息的传输。

2. 增强型综合布线系统

增强型综合布线系统不仅支持语音和数据的应用，还支持图像、影像、影视、视频会议等。它可为增加功能提供发展的余地，并能够利用接线板进行管理。

（1）基本配置。

1）每个工作区有2个以上信息插座。

2）每个工作区的配线为2条4对双绞电缆。

3）具有110A交叉连接硬件。

4）每个工作区的干线电缆至少有3对双绞线。

（2）基本特性。

1）每个工作区有2个信息插座，灵活方便、功能齐全。

2）任何一个插座都可以提供语音和高速数据处理应用。

3）便于管理与维护。

4）能够为众多厂商提供服务环境的布线方案。

3. 综合型综合布线系统

综合型布线系统适用于配置标准较高的场合，是将光缆、双绞电缆或混合电缆纳入建筑物布线的系统。

（1）基本配置。应在基本型和增强型综合布线的基础上增设光缆及相关连接件。

（2）基本特性。由于引入了光缆，可以适用于规模较大、功能较多的智能建筑，其余特点与基本型和增强型相同。

7.2 综合布线系统的构成

综合布线系统由六个子系统组成，即工作区子系统、水平子系统、管理子系统、垂直干线子系统、建筑群子系统和设备间子系统，如图7-1所示。

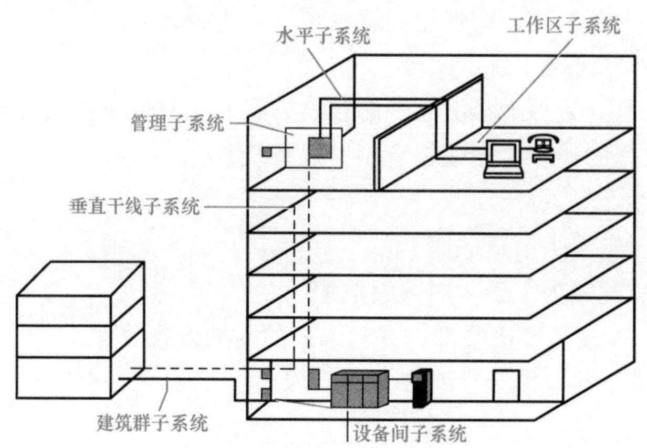

图7-1 综合布线系统的结构示意图

综合布线系统中需要用到的功能部件一般有以下几种：

（1）建筑群配线架（CD）。

（2）建筑群干线电缆或建筑群干线光缆。

（3）建筑物配线架（BD）。

（4）建筑物干线电缆或建筑物干线光缆。

（5）楼层配线架（FD）。

（6）水平电缆或水平光缆。

（7）转接点（选用）（TP）。

（8）信息插座（IO）。

(9) 通信引出端(TO)。

1. 工作区子系统

工作区子系统由终端设备连接到信息插座的连线(或软线)组成,它包括装配软线、适配器和连接所需的扩展软线,并在终端设备和I/O之间搭桥。终端设备和I/O连接时,可能需要某种传输电子装置,但是这种装置并不是工作区子系统的一部分。例如,有限距离调制解调器能为终端与其他设备之间的兼容性和传输距离的延长提供所需的转换信号。有限距离调制解调器不需要内部的保护线路,但一般的调制解调器都有内部的保护线路。

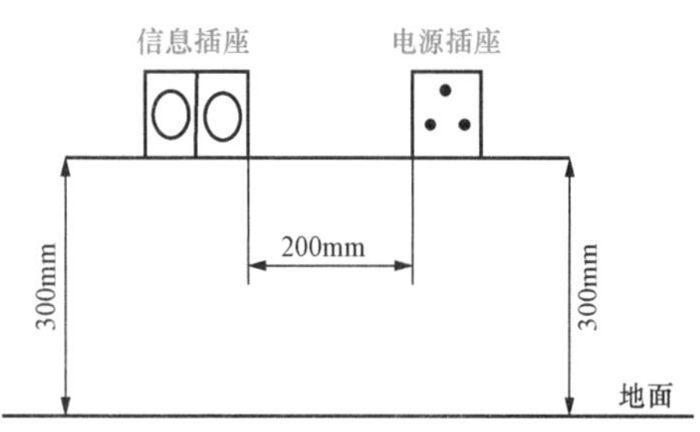

图7-2 工作区子系统的信息插座配置

工作区布线是用接插软线把终端设备连接到工作区的信息插座上。工作区布线随着系统终端应用设备不同而改变,因此它是非永久的。工作区子系统的终端设备可以是电话、微机和数据终端,也可以是仪器仪表、传感器和探测器。图7-2所示为工作区子系统的信息插座配置,图7-3为工作区子系统组成示意图。

2. 水平子系统

从楼层配线架到各信息插座的布线属于水平子系统。水平子系统是整个布线系统的一部分,它将干线子系统线路延伸到用户工作区。水平子系统总是处在一个楼层上,并接在信息插座或区域布线的中转点上。配线架将光纤电缆数限制为4对或25对UTP(非屏蔽双绞线),它们能支持大多数现代通信设备。在需要某些宽带应用时,可以采用光缆。水平子系统一端端接于信息插座上,另一端端接在干线接线间、卫星接线间或设备机房的管理配线架上。

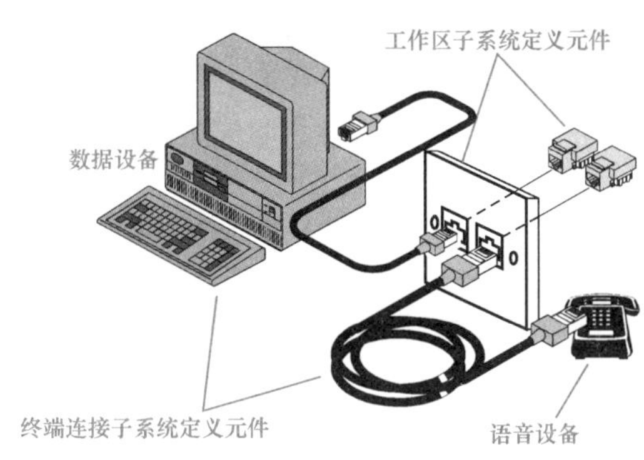

图7-3 工作区子系统组成示意图

水平子系统包括水平电缆、水平光缆及其在楼层配线架上的机械终端、接插软线和跳接线。水平电缆或水平光缆一般直接连接至信息插座。必要时,楼层配线架和每一个信息插座之间允许有一个转接点。进入和接出转接点的电缆线对或光纤应按1∶1连接,以保持对应关系。转接点处的所有电缆或光缆应作机械终端。转接点处只包括无源连接硬件,应用设备不应在这里连接。转接点处宜为永久连接,不应作配线用。

图7-4所示为水平子系统,水平子系统由工作区用的信息插座及其至楼层配线架(FD)以及它们之间的缆线组成。水平子系统设计范围遍及整个智能化建筑的每一个楼层,且与房屋建筑和管槽系统有密切关系。

(1) 水平子系统概述。水平子系统涉及水平子系统的传输介质和部件集成,主要有:①确定线路走向;②确定线缆、槽、管的数量和类型;③确定电缆的类型和长度;④订购电缆和线槽;⑤如果采用吊杆或托架走支撑线槽,需要用多少根吊杆或托架。

(2) 水平子系统布线线缆。水平布线系统中常用的线缆有4种:①100Ω非屏蔽双绞线

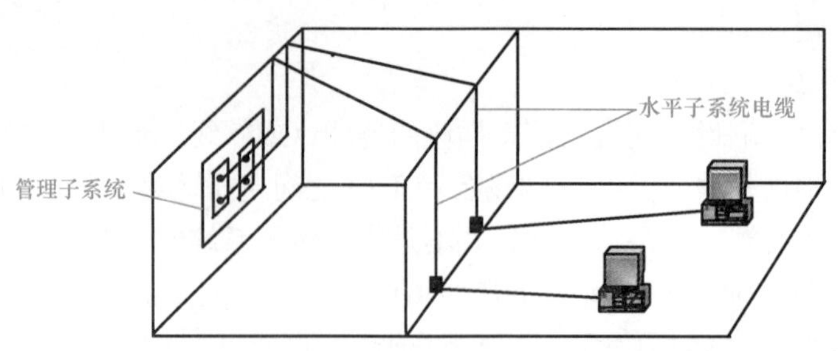

图 7-4　水平子系统

(UTP) 电缆；②100Ω 屏蔽双绞线（STP）电缆；③75Ω 同轴电缆；④62.5/125μm 光纤线缆。

(3) 水平子系统布线方案。水平布线根据建筑物的结构特点，按路由（线）最短、造价最低、施工方便、布线规范等方面考虑，优选最佳的水平布线方案。如图 7-5 所示，水平布线方案一般可采用 3 种布线方式：①直接埋管方式；②先走吊顶内线槽，再走支管到信息出口；③地面线槽方式。

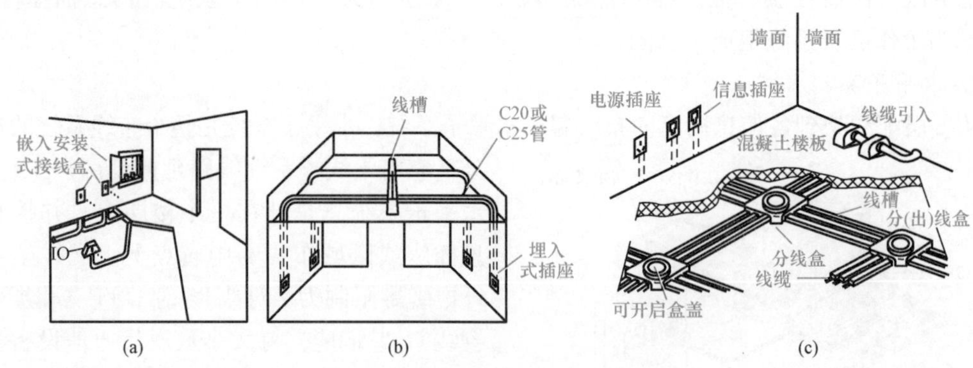

图 7-5　水平子系统布线方案

(a) 直接埋管方式；(b) 先走线槽再走支管布线方式；(c) 地面线槽方式

水平子系统的网络结构都为星形结构，是以楼层配线架（FD）为主节点，各个信息插座为分节点，二者之间采取独立的线路相互连接，形成以 FD 为中心向外辐射的星形线路网状态。这种网络结构的线路较短，有利于保证传输质量，降低工程造价和维护管理。

布线线缆长度等于楼层配线间或楼层配线间内互联设备电端口到工作区信息插座的缆线长度。水平子系统的双绞线最大长度为 90m。工作区、跳线及设备电缆总和不超过 10m，即 $A+B+E\leqslant 10$m，见图 7-6。要合理安排好弱电竖井的位置，如水平线缆长度超过 90m，则要增加 IDF（楼层配线架）或弱电竖井的数量。

3. 管理子系统

管理子系统的作用是提供与其他子系统连接的手段，使整个综合布线系统及其所连接的设备、器件等构成一个完整的有机体。通过对管理子系统交接的调整，可以安排或重新安装系统线路的路由，使传输线路能延伸到建筑物内部的各工作区。管理子系统由交连、互连部分以及 I/O 组成。管理应对设备间、交接间和工作区的配线设备、线缆、信息插座等设施，按一定的模式进行标识和记录。

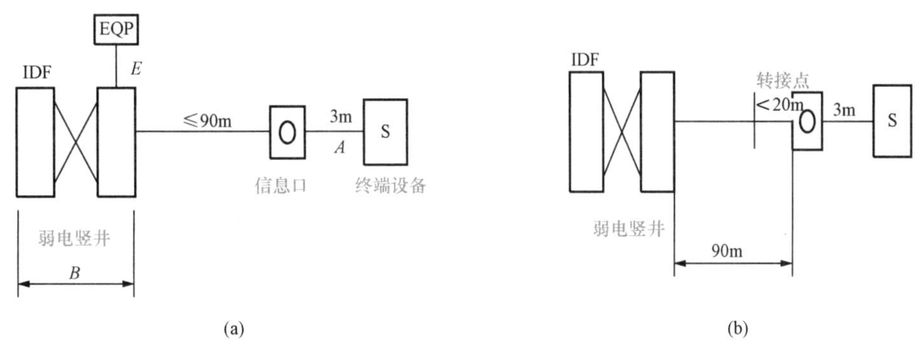

图 7-6　水平子系统布线距离限制

(a) 水平布线的距离限制；(b) 需要有转换接点的情况

EQP—有源设备

(1) 管理交接方案。一般有两种管理方案可供选择，即单点管理和双点管理。常用的管理交接方案如图 7-7 所示。

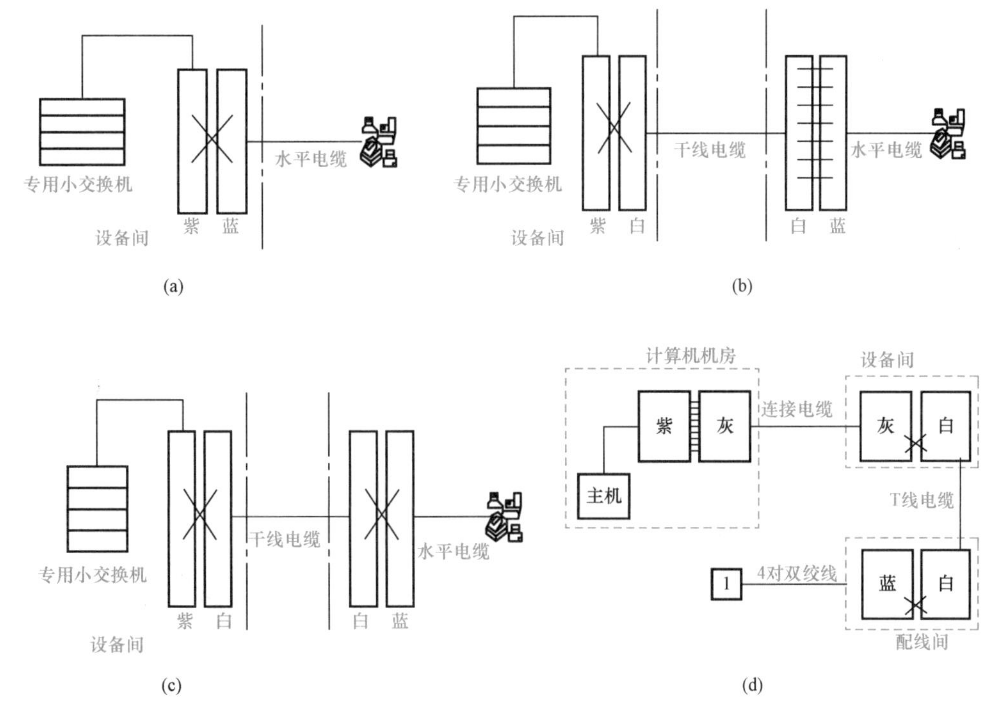

图 7-7　常用的管理交接方案

(a) 单点管理—单交连；(b) 单点管理—双交连；(c) 双点管理—双交连；(d) 双点管理—三交连

单点管理位于设备间里面的交换机附近，通过线路直接连至用户间或连至服务接线间里面的第二个硬件接线交连区。如果没有服务间，第二个交连可安放在用户房间的墙壁上。

(2) 综合布线交连系统标记。综合布线系统中标记是管理子系统的一个重要组成部分，标记系统能提供如下的信息：建筑物名称（如果是建筑群）、位置、区号和起始点。

综合布线系统使用了三种标记：电缆标记、场标记和插入标记。其中插入标记最常用。

插入标记所用的底色及其含义如下：

1）蓝色：对工作区的信息插座（I/O）实现连接。

2）白色：实现干线和建筑群电缆的连接。端接于白场的电缆布置在设备间与楼层配线间及二级交接间之间或建筑群各建筑物之间。

3）灰色：配线间与二级交接间之间的连接电缆或二级交接之间的连接电缆。

4）绿色：来自电信局的输入中继线。

5）紫色：来自 PBX（用户电话交接机）或数据交换机之类的公用系统设备的连线。

6）黄色：来自控制台或调制解调器之类的辅助设备的连线。

常见的标记为：

1）端口场（公用系统设备）的标记。

2）设备间干线/建筑群电缆（白场）的标记。

3）干线接线间的干线电缆（白场）标记。

4）二级交接间的干线/建筑群电缆（白场）标记。

4. 垂直干线子系统

（1）垂直干线子系统概述。垂直干线子系统通常由主设备间（如计算机房、程控交换机房）提供建筑中最重要的铜线或光纤线主干线路，是整个大楼的信息交通枢纽。垂直干线子系统的功能是通过建筑物内部的传输电缆或光缆，把各接线间和二级交接间的信号传送到设备间，直至传送到最终接口，再通往外部网络。垂直干线子系统必须满足当前的需要，又能适应今后的发展。垂直干线子系统如图 7-8 所示。

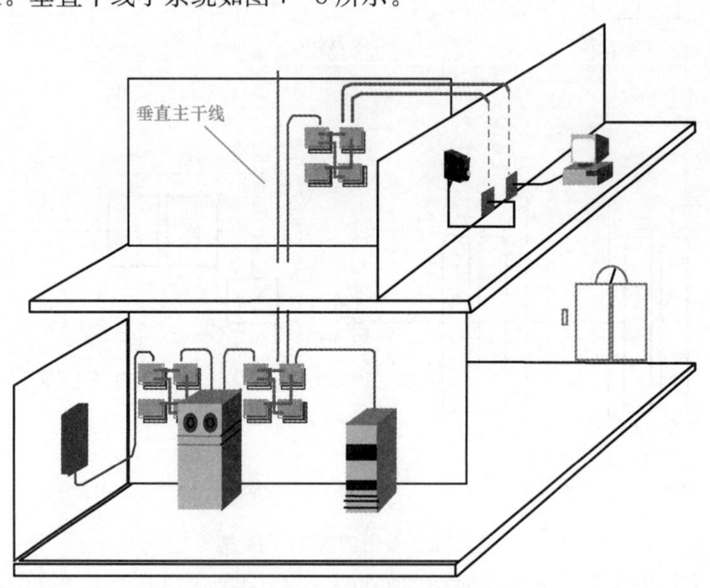

图 7-8　垂直干线子系统

（2）垂直干线子系统包括的内容。

1）接线间和二级交接间与设备间之间的竖向或横向电缆通道。

2）干线接线间和二级交接间之间的连接电缆通道。

3）主设备间与计算机中心间的干线电缆。

（3）垂直干线子系统布线的拓扑结构。综合布线系统中垂直干线子系统的拓扑结构主要有星形、总线型、环形、树形和网形。推荐采用星形拓扑结构，如图7-9所示。

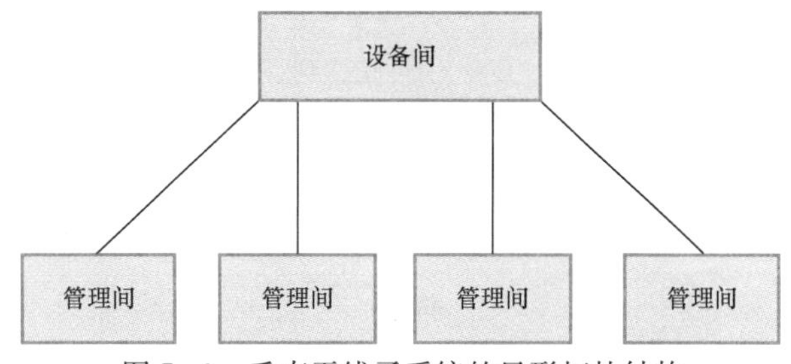

图7-9 垂直干线子系统的星形拓扑结构

（4）垂直干线子系统常用的介质。

1）100Ω大对数非屏蔽电缆。

2）150Ω FTP电缆。

3）62.5/125μm多模光缆。

4）8.3/125μm单模光缆。

（5）垂直干线子系统布线的距离。垂直干线子系统布线的最大距离，即楼层配线架到设备间主配线架之间的最大允许距离，与信息传输速率、信息编码技术以及所选的传输介质和相关连接件有关。

5. 设备间子系统

设备间子系统是安装公用设备（如电话交换机、计算机主机、进出线设备、网络主交换机、综合布线系统的有关硬件和设备）的场所。设备间使用面积的大小主要与设备数量有关，不得小于20m^2。设备间净高一般与使用面积有关，但不得低于2.5m。门的高度不小于2.0m，宽不小于0.9m。楼板承重一般不低于500kg/m^2。设备间内在距地面0.8m处，照度不应低于300lx。应设事故照明，在距地面0.8m处，其照度不应低于5lx。设备间供电电源为50Hz、380/220V，采取三相五线制/单相三线制。一般应考虑备用电源。可采用直接供电和不间断供电相结合的方式。噪声、温度、湿度应满足相应要求，安全和防火应符合相应规范。

6. 建筑群子系统

连接各建筑物之间的传输介质和各种支持设备（硬件）组成了综合布线建筑群子系统。

（1）建筑群子系统布线的设计步骤。

1）根据小区建筑详细规划图了解整个小区的大小、边界、建筑物数量。

2）确定电缆系统的一般参数。

3）确定建筑物的电缆入口。

4）查清障碍物的位置，以确定电缆路由。

5）根据前面资料，选择所需电缆类型、规格、长度、敷设方式，穿管敷设时的管材、规格、长度；画出最终的施工图。

6）进行每种选择方案成本核算。

7）选择最经济、最实用的设计方案。

（2）电缆布线方法。电缆布线方法有架空、直埋和管道布线，如图7-10所示。

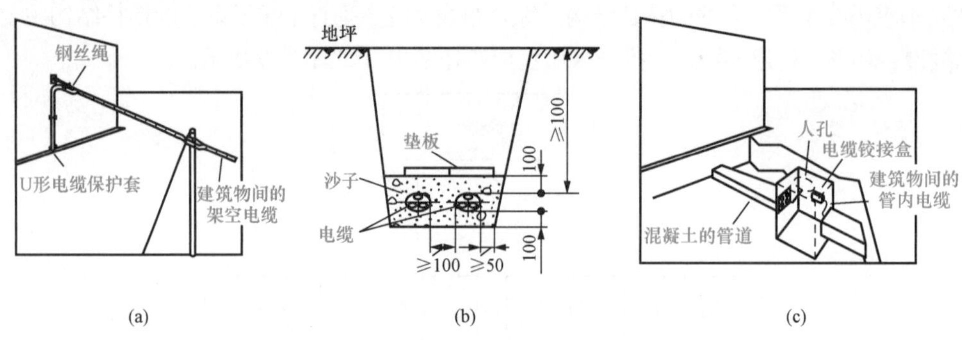

图 7-10　电缆布线方法

(a) 架空电缆布线；(b) 直埋电缆布线；(c) 管道电缆布线

7.3　综合布线工程系统图

1. 系统图

综合布线工程系统图的第一种标注方式如图 7-11 (a) 所示。图 7-11 (a) 中的信息引入点为：程控交换机引入外网电话；集线器 (Switch HUB) 引入计算机数据信息。电话语音信息使用 10 条 3 类 50 对非屏蔽双绞线电缆 (1010050UTP×10，1010 为电缆型号)。计算机数据信息使用 5 条 5 类 4 对非屏蔽双绞线电缆 (1061004UTP×5，1061 是电缆型号)。主电缆引入各楼层配线架 (FDFX)，每层 1 条 5 类 4 对电缆、2 条 3 类 50 对电缆。配线架型号为 110PB2-300FT，是 300 对线 110P 型配线架，3EA 表示 3 个配线架。188D3 是 300 对线配线架背板，用来安装配线架。从配线架输出到各信息插座，使用 5 类 4 对非屏蔽双绞线电缆，按信息插座数量确定电缆条数，1 层 (F1) 有 69 个信息插座，所以有 69 条电缆，2 层有 56 个信息插座，所以有 56 条电缆。M100BH-246 是模块信息插座型号，M12A-246 是模块信息插座面板型号，面板为双插座型。

综合布线系统图第二种标注方式如图 7-11 (b) 所示。图 7-11 (b) 中的电话线由户外公网引入，接至主配线间或用户交换机房，机房内有 4 台 110PB2-900FT 型配线架和 1 台用户交换机 (PABX)。图 7-11 (b) 中所示的其他信息由主机房中的计算机进行处理，主机房中有服务器、网络交换机、1 台配线架和 1 台 120 芯光纤总配线架。电话与信息输出线，每个楼层各使用一根 100 对干线 3 类大对数电缆 (HSGYV3 100×2×0.5)，此外每个楼层还使用一根 6 芯光缆。每个楼层设楼层配线架 (FD)，大对数电缆要接入配线架，用户使用 3 类、5 类 8 芯电缆 (HSYV54×2×0.5)。光缆先接入光纤配线架 (LIU)，转换成电信号后，再经集线器 (HUB) 或交换机分路后，接入楼层配线架 (FD)。图 7-11 (b) 中左侧 2 层的右边，V73 表示本层有 73 个语音出线口，D72 表示本层有 72 个数据出线口，MZ 表示本层有 2 个视像监控口。

2. 平面图

某住宅楼综合布线工程平面图如图 7-12 所示。图 7-12 中所示信息线由楼道内配电箱引入室内，使用 4 根 5 类 4 对非屏蔽双绞线电缆 (UTP) 和 2 根同轴电缆，穿 ϕ30 PVC 管

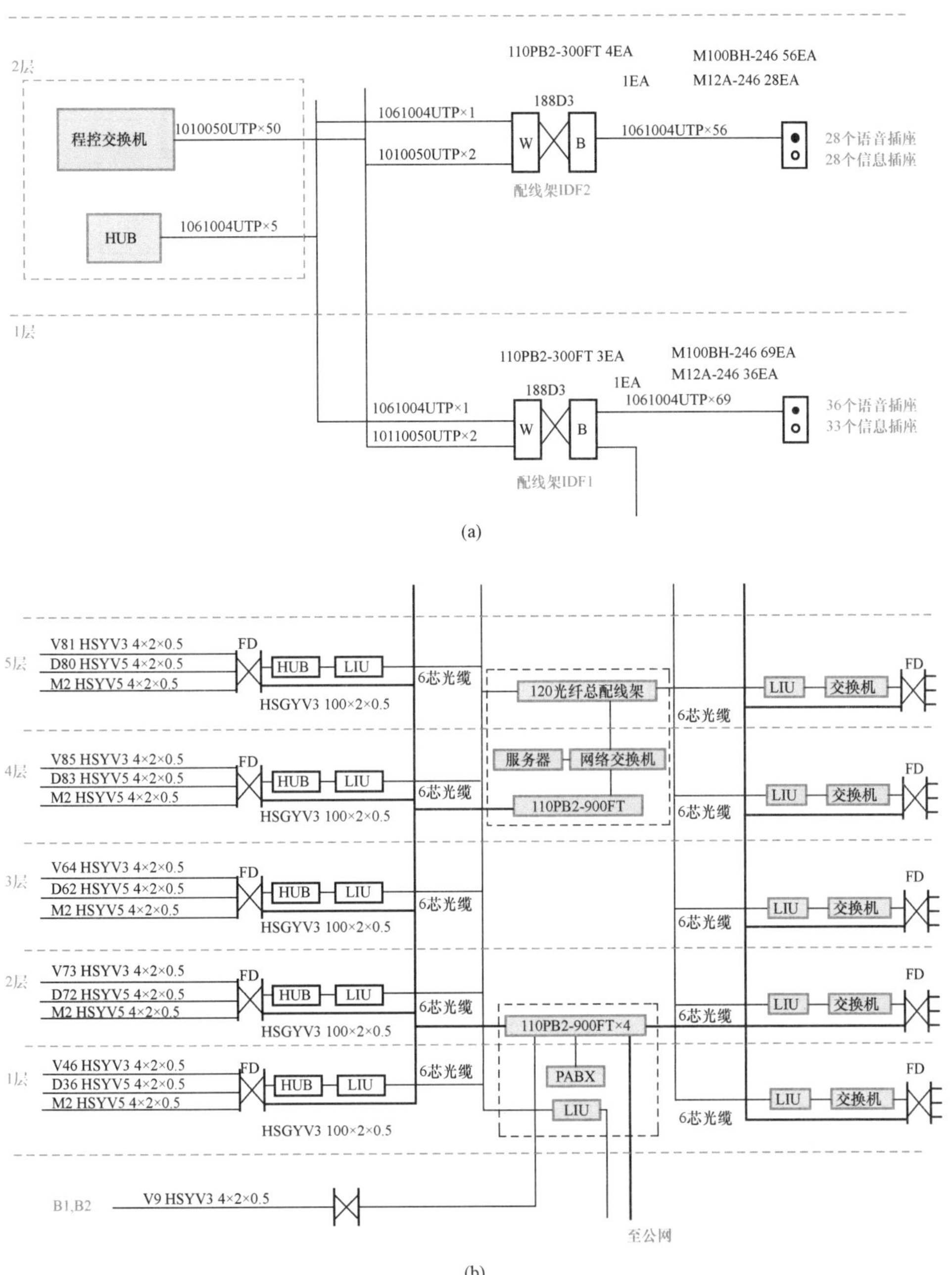

图 7-11 综合布线工程系统图

(a) 标注方式 1；(b) 标注方式 2

在墙体内暗敷。每户室内有一只家居配线箱，配线箱内有双绞线电缆分接端子和电视分配器，本用户为 3 分配器。户内每个房间都有电话插座（TP），起居室和书房有数据信息插座（TO），每个插座用 1 根 5 类 UTP 电缆与家居配线箱连接。户内各居室都有电视插座（TV），用 3 根同轴电缆与家居配线箱内分配器连接，墙两侧安装的电视插座，用二分支器分配电视信号。户内电缆穿 ϕ20 PVC 管在墙体内暗敷。

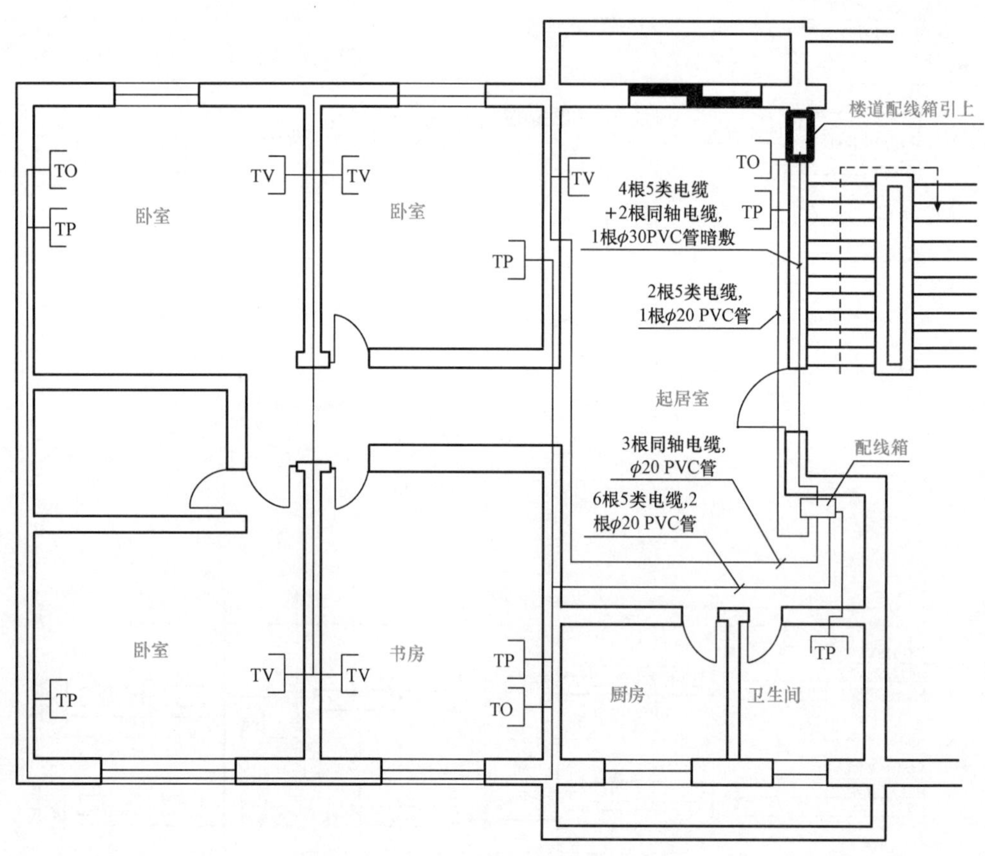

图 7-12 某住宅楼综合布线工程平面图

7.4 综合布线工程实例

7.4.1 某综合教学楼综合布线系统设计

为满足建筑物及建筑群内信息网络与通信网络的布线要求，综合教学楼的设计应能支持语言、数据、图像等多媒体业务信息传输的要求。

该系统采用 6 芯光缆干线，超 5 类 8 芯双绞线水平干线，快速传输的数据包括计算机数据、电话信号、各种弱电传感器信号；语言数据网络主干线带宽大于 400MHz，分干线带宽大于 156MHz，专线大于 100MHz；大楼信息网与国际互联网相连，并在监控室设定网关。布线系统由不同系列的部件组成，包括传输介质、线路管理硬件、连接器、插座、插头、适配器、传输电子线路、电器保护设备和支持硬件。

设计时只考虑该建筑物自成一个局域网，但相关设备的选择注重了今后发展的需要，满足其兼容性和灵活性的要求。综合教学楼弱电设计综合布线图如图 7-13 所示。

某综合教学楼的弱电设计图如图 7-14～图 7-16 所示，包括消防报警系统图、电视系统图、对讲系统图、电话系统图和宽带网系统图，参照此图可更好地理解教学楼综合布线的设计思路。

7.4.2 某酒店综合布线系统设计

图 7-17 为某酒店弱电系统综合布线图。市政电话电缆先由室外引入地下一层弱电机房

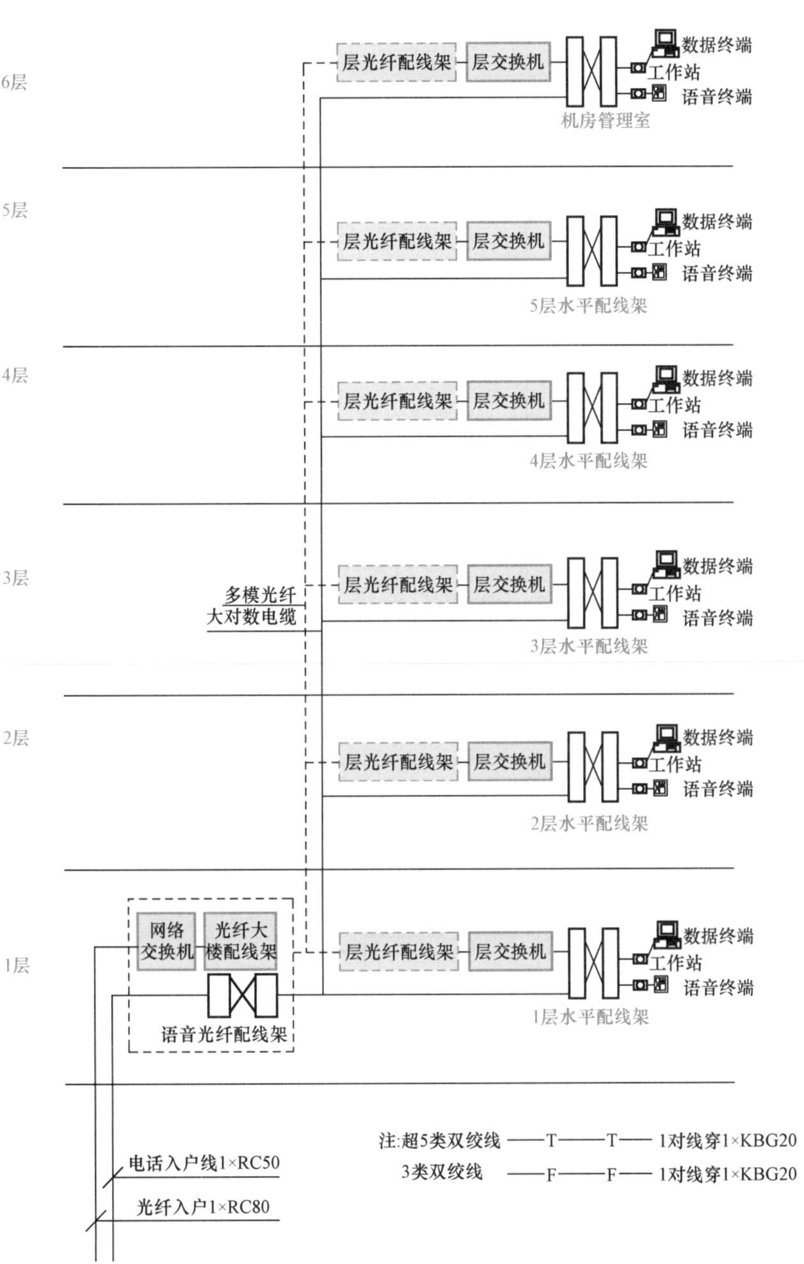

图 7-13 某综合教学楼弱电设计综合布线图

的总接线箱，再由总接线箱经各层分线箱引至楼内的每个电话、数据插座。在竖井内，垂直干线沿桥架接入每层分配线架，水平干线沿桥架与各个终端相连。

该系统以一个房间为一个工作区，每个工作区内根据房间面积和形状设置1～2 个终端插座，工作区内的终端插座与水平桥架内的水平干线相连接。户内采用超 5 类线传输数据和语音，确保各终端传输速率合格，并要求各个子系统结构化配制。

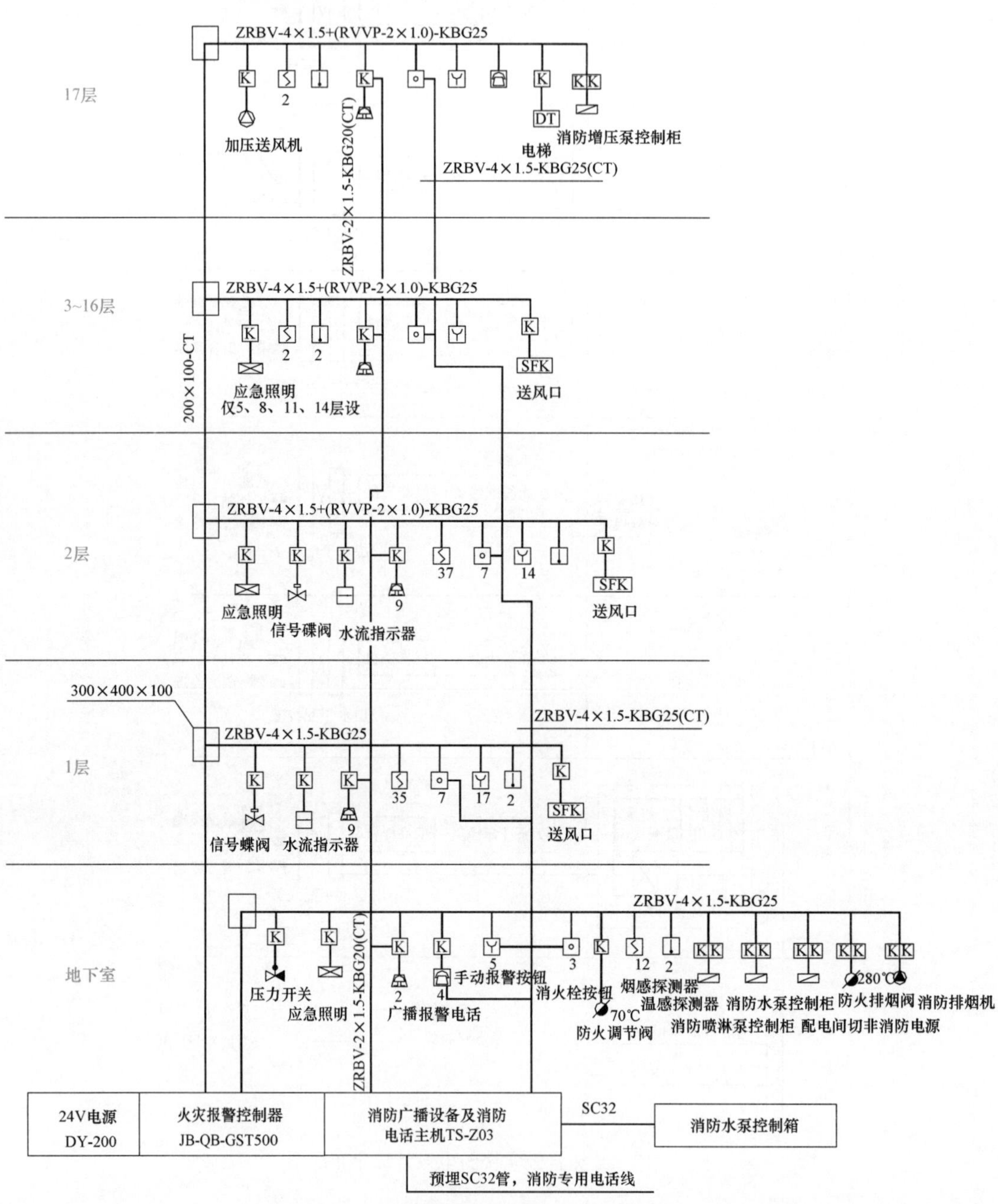

图 7-14　某教学楼弱电设计图——消防报警系统

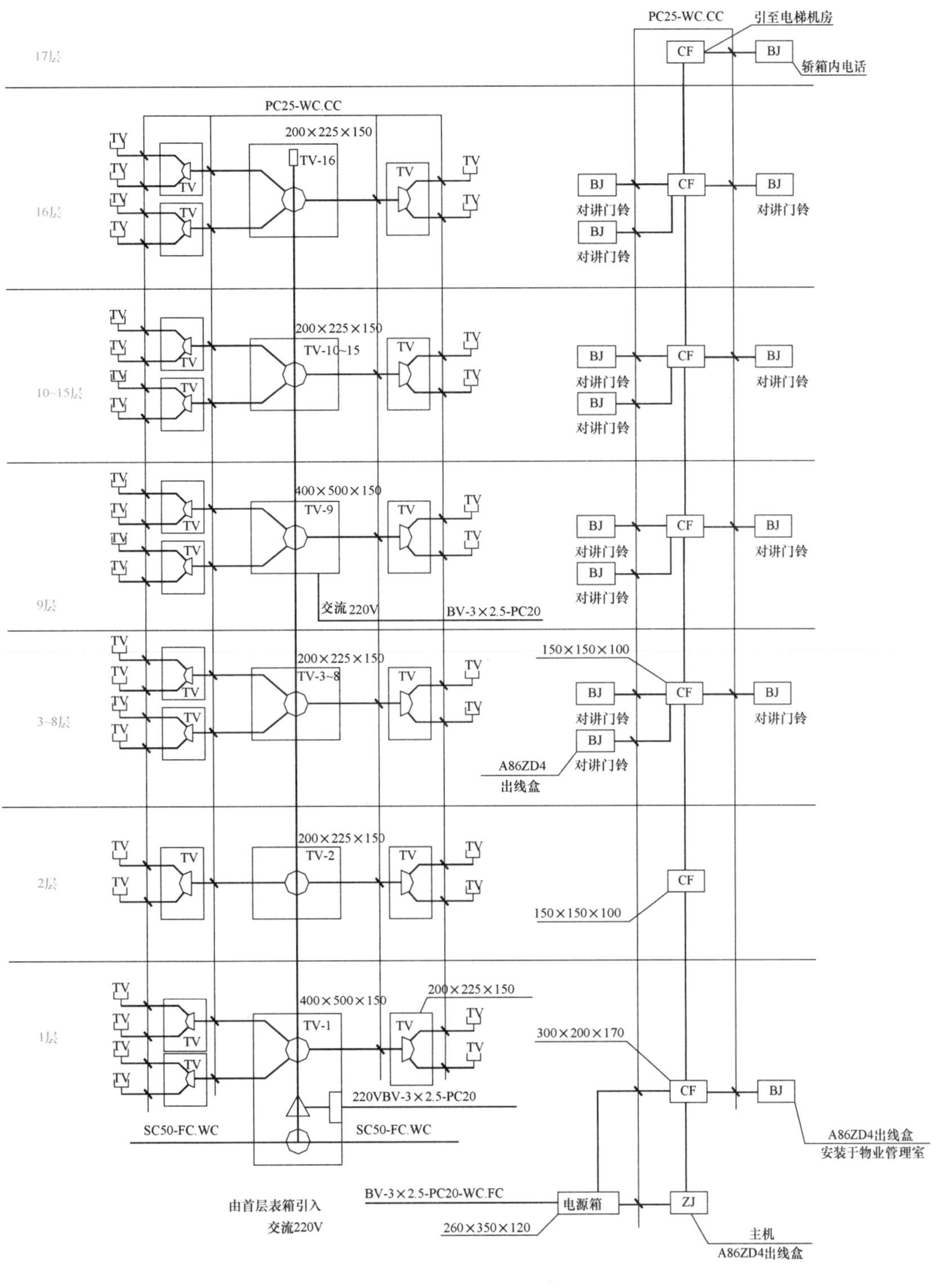

图7-15 某教学楼弱电设计图——电视系统和对讲系统

(a)电视系统图；(b)对讲系统图

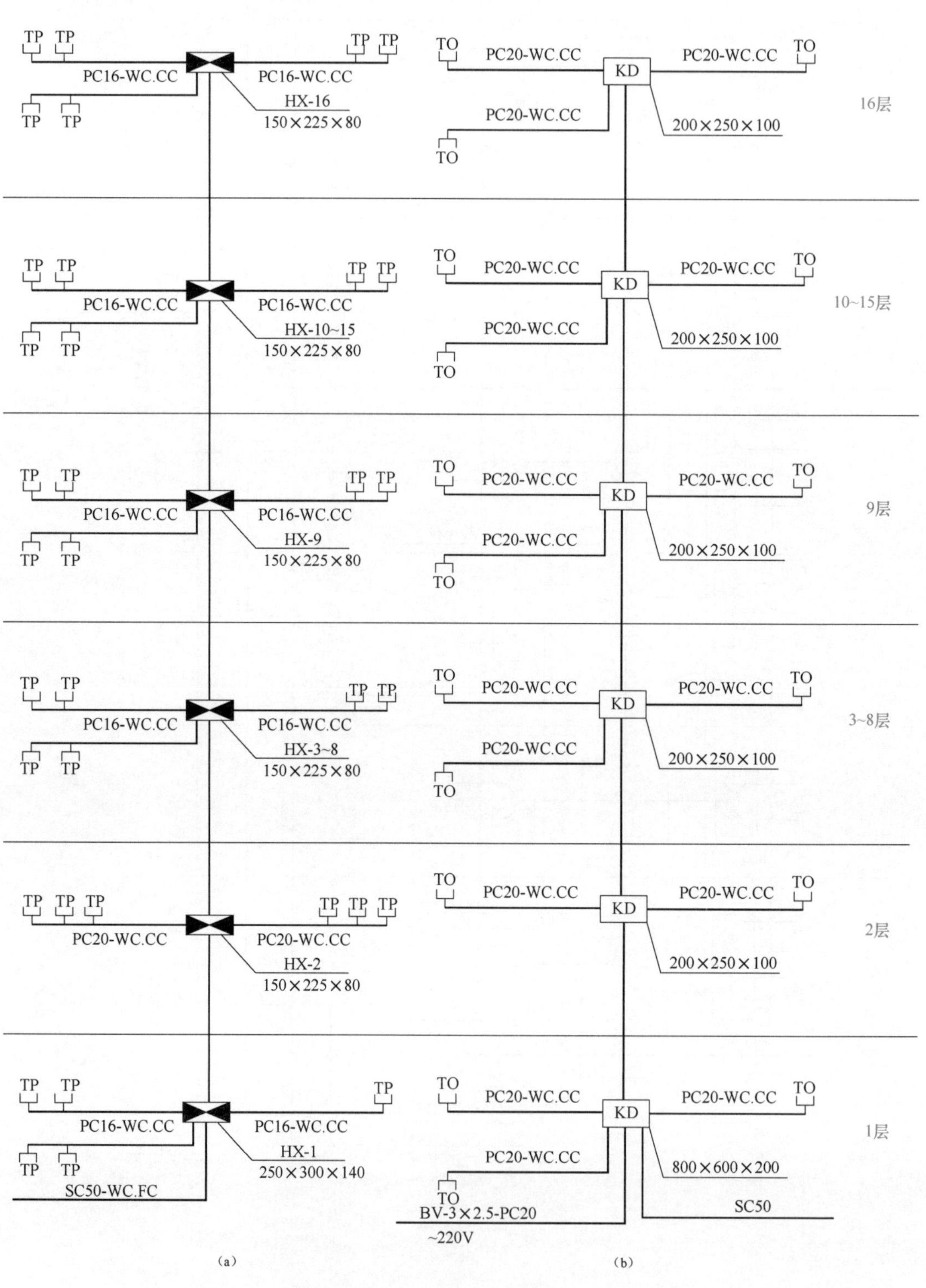

图 7－16　某教学楼弱电设计图——电话系统和宽带网系统

(a) 电话系统图；(b) 宽带网系统图

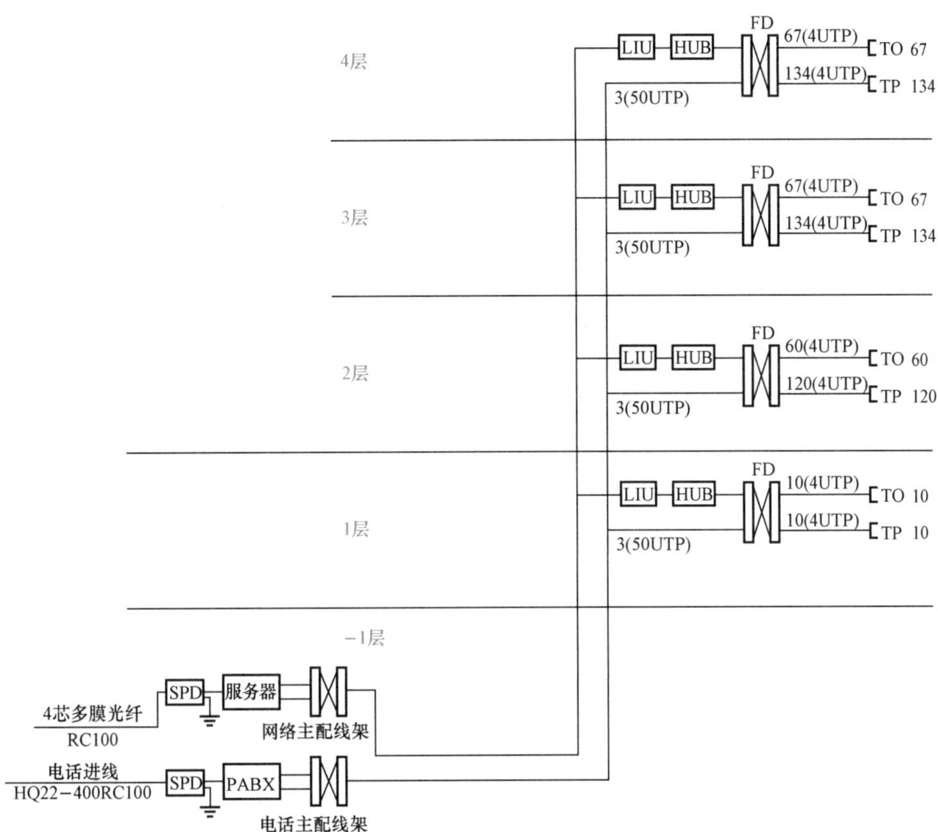

图 7-17　某酒店弱电系统综合布线图

第8章

建筑电气施工图实例

本章以通过几个弱电系统设计工程实例，讲述建筑工程施工图的设计原则和识图方法，指导读者结合前面章节讲述的建筑电气弱电工程图的阅读方法和技巧，在理解其设计思想及设计原理的基础上，快速地阅读建筑工程弱电施工图。

8.1 某小区公寓楼弱电系统设计

本工程为某小区公寓商住综合楼的电气设计，其弱电系统图如图 8-1 所示。综合楼属二类高层建筑。总建筑面积 36 637m^2，建筑高度 48.75m。建筑主体 12 层，其中 4～12 层为老年公寓，层高 3.4m。地下 1 层、地上 1～3 层为底商，底商各层层高均为 4.6m。底商设有商场、管理室等。老年公寓层设有老人房套间、医务室、治疗室、管理室、阅览室、多功能大厅等。

8.1.1 综合布线系统

本工程中的综合布线系统设计，将地下 1 层到地上 12 层都视为一个单独的布线区域，设计独立的综合布线系统。

光纤埋地入户，弱电间设中央设备，各老人房、办公室设终端，入户采用光纤接 1000Mbit/s 市网，户内采用超 5 类线传输数据和语音，确保各终端传输速率合格并要求各个子系统结构化配置。

市政电话、宽带光缆先由室外引入至地下 1 层弱电管理室的总接线箱，再由总接线箱经各层分线箱引至楼内的每个电话、数据插座。在竖井内，垂直干线沿桥架接入每层分配线架，水平干线沿桥架与各个终端相连。下面参照图 8-1（c）（见文后插页）分析。

本工程综合布线系统的五个子系统，分别如下：

（1）工作区子系统。平均按 10m^2 为一工作区，每个工作区接一部电话及一个计算机网络终端。本设计使用通用两孔信息插座。

（2）水平配线子系统。终端插座选用 RJ45 标准插座，在地面或墙上暗装。每个工作区信息插座均布满 2 对非屏蔽双绞线（2UTP），所有水平电缆敷设在各层的架空层或活动地板内，穿金属桥架或金属线槽敷设。

（3）垂直干线子系统。楼内的干线采用光缆或铜缆通过每层的楼层配线将分配线架与主配线架用星形结构连接；光缆干线主要用于通信速率要求较高的计算机网络，铜缆主要用于低速语音通信，并可在管理子系统相互跳接。语音部分的干线采用 25 对非屏蔽电缆，数据部分的干线采用 12 对室内多模光纤。

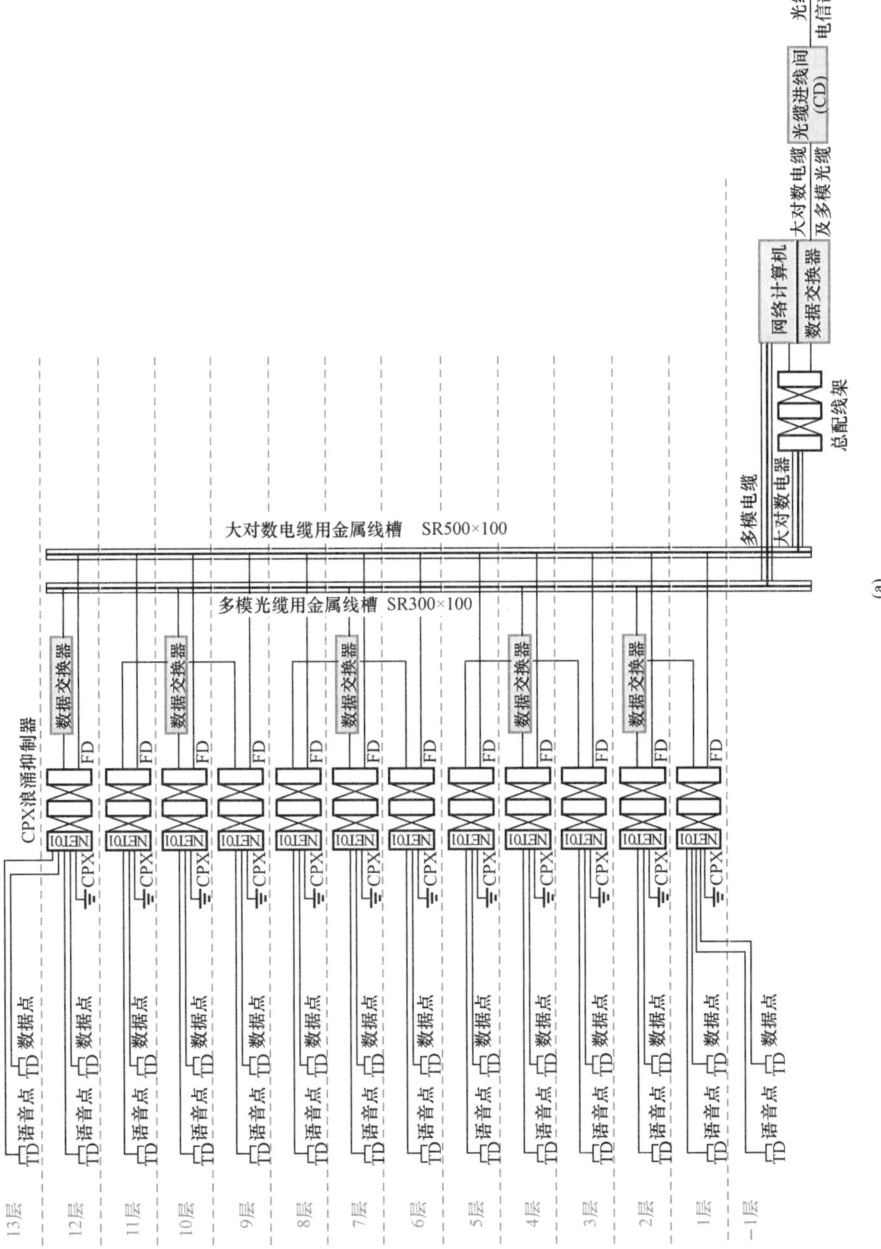

(a)

图8-1 某小区公寓楼弱电系统图（一）

（a）弱电系统图

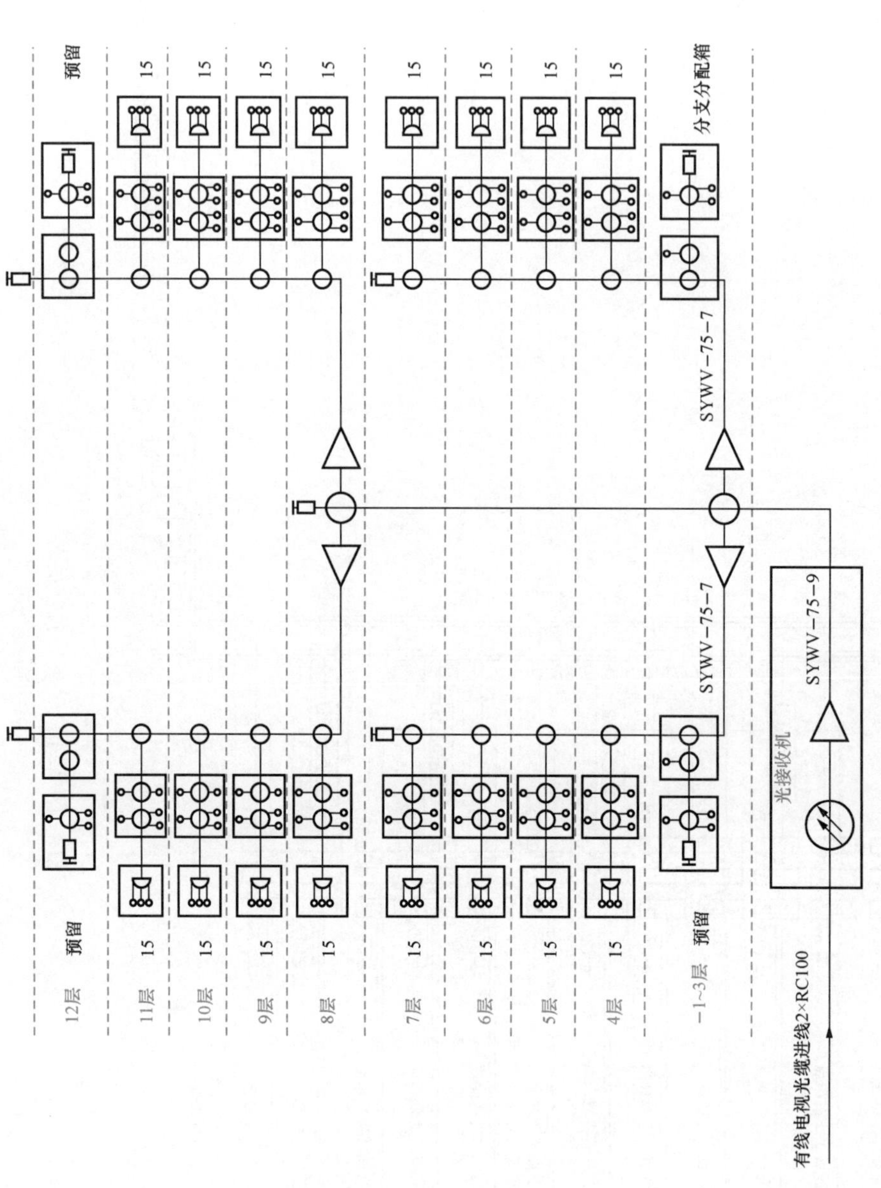

(b)

图8-1 某小区公寓楼弱电系统图（二）

（b）弱电系统图

(4) 设备间子系统。本工程中综合布线系统的语音设备间和数据设备间共用，设在地下1层弱电管理间内。在弱电管理间设有主配线架，主配线架的语音部分与市政电话线路、程控交换机相连，可拨打内线和外线；主配线架的数据部分与进入楼内的光纤、计算机主机及网络设备相连。

(5) 管理子系统。管理子系统设在每层的弱电竖井内，内置光缆和铜缆配线架等楼层配线设备，管理各层的水平布线，连接相应的网络设备。

8.1.2 消防报警系统

根据JGJ/T 16—2008，在各个房间和走廊、门厅等地均设置不同数量的感烟探测器、扬声器以满足消防要求。走廊内设置带电话插孔的手动报警按钮和消火栓泵按钮，1层值班室内设119直拨电话插孔。消防报警系统与事故照明、电梯以及各种非消防电源相关联，以实现火灾发生时的联动与切断。本工程中的建筑主体为12层，建筑高度超过24m，参照GB 50045—1995《高层民用建筑设计防火规范》，根据其使用性质、火灾危险性、疏散和扑救难度等进行分类，属于二类高层建筑，确定其为二级保护对象。图8-2（见文后插页）为火灾报警及联动控制系统图，图8-3（见文后插页）为1层消防平面图。

1. 火灾探测器的设置

火灾探测器的设置包括火灾探测器个数的确定与位置的布置。

火灾探测器个数的确定：火灾探测器的个数可查表8-1根据公式进行计算，探测区域内的每个房间内至少应设置一个火灾探测器。

本工程设计中除地下车库、一层厨房选用感温探测器外，其余地方均选用感烟探测器，计算过程以地下1层空调机房为例。

房间面积$S=125.44\text{m}^2$，房间高度$h=4.2\text{m}<6\text{m}$，平屋顶，屋顶坡度为零，则感烟探测器的保护面积$A=60\text{m}^2$，保护半径$R=5.8\text{m}$，修正系数K取1。

感烟探测器个数为

$$N \geqslant \frac{S}{KA} = \frac{125.44}{1 \times 60} = 2.10$$

式中 N——一个探测区域内所需设置的探测器数量，N取整数；

S——一个探测区域的面积，m^2；

A——探测器的保护面积，m^2；

K——修正系数，重点保护建筑取0.7～0.9，非重点保护建筑取1。

感烟探测器的个数取$N=3$。

其他房间的计算过程略。

表8-1　火灾探测器的保护面积和保护半径

火灾探测器的种类	地面面积$S(\text{m}^2)$	房间高度$h(\text{m})$	探测器的保护面积$A(\text{m}^2)$和保护半径$R(\text{m})$					
			屋顶坡度θ					
			$\theta\leqslant15°$		$15°<\theta\leqslant30°$		$\theta>30°$	
			A	R	A	R	A	R
感烟探测器	≤80	≤12	80	6.7	80	7.2	80	8.0
	>80	$6<h\leqslant12$	80	6.7	100	8.0	120	9.9
		≤6	60	5.8	80	7.2	100	9.0

续表

火灾探测器的种类	地面面积 S(m²)	房间高度 h(m)	探测器的保护面积 $A(m^2)$ 和保护半径 R(m)					
			屋顶坡度 θ					
			$\theta \leqslant 15°$		$15° < \theta \leqslant 30°$		$\theta > 30°$	
			A	R	A	R	A	R
感温测器	≤30	≤8	30	4.4	30	4.9	30	5.5
	>30	≤8	20	3.6	30	4.9	40	6.3

2. 火灾探测器的布置

火灾探测器的布置应合理，应着重考虑探测器到房间拐角点的水平距离，以保证探测器无保护死角。火灾探测器在布置时的有关规定如下：

（1）探测器周围 0.5m 内，不应有遮挡物。

（2）探测器至墙壁、梁边的水平距离，不应小于 0.5m。

（3）房间被书架、设备或隔断等分隔，其顶部至顶棚或梁的距离小于房间净高的 5%时，则每个被隔开的部分应至少安装一只探测器。

（4）探测器至空调送风口边的水平距离不应小于 1.5m，至多孔送风顶篷孔口的水平距离不应小于 0.5m。

（5）在宽度小于 3m 的内走道顶棚上设置探测器时，宜居中布置。感温探测器的安装间距不应超过 10m，感烟探测器的安装间距不应超过 15m。探测器至端墙的距离不应大于探测器安装间距的 1/2。

公寓楼设计仅设置一个感烟探测器的房间，探测器均居中布置，满足保护半径大于或等于探测器距房间各角的最大距离的要求。设置多个探测器的房间，探测器一般均匀布置在房间的长向中轴线上，确保房间内无保护死角。走廊则根据规范要求在小于 15m 的距离内设置探测器。

3. 火灾事故广播的设置

在公共区域均设有火灾事故广播扬声器。房间内部的火灾事故广播扬声器的布置主要是根据房间的大小、形状确定，一般每个房间设置一个，个别跨度较大的长矩形房间，在房间前后各设置一个。

走廊部分也按照规范要求布置火灾事故广播扬声器，保证从本层的任何部位到最近一个扬声器的步行距离不超过 15m。

4. 手动报警按钮的设置

报警区域内每个防火分区，应至少设置一只手动火灾报警按钮，手动火灾报警按钮应设置在明显和便于操作的部位，安装在墙上距地（楼）面高度 1.5m 处，且应有明显的标志。从一个防火分区内的任何位置到最近的一个手动火灾报警按钮的步行距离，不应大于 30m。

在公共活动场所（包括大厅、过厅、餐厅、多功能厅等）及主要通道等处，人员都很集中，并且是主要疏散通道，故应在这些公共活动场所的主要出入口设置手动火灾报警按钮。

根据规范要求，在走廊和门厅设置一定数量的手动报警按钮。

5. 消防联动及切非设计

消防控制系统应能在确认火灾发生后及时切断有关部位的非消防电源，并接通警报装置及启动火灾应急照明灯和疏散指示灯。

在设计中，消防报警系统通过控制模块与照明、动力系统各层配电箱相连，以保证在火灾发生时能够及时切断有关部位的非消防电源，并迅速启动消防专用电源。可以从图8-3所示（见文后插页）的首层消防平面图识读，其他层分析方法相同。

6. 消防专用线路

火灾自动报警系统的传输线路和50V以下供电控制线路，应采用电压等级不低于交流250V的铜芯绝缘导线或铜芯电缆，采用交流220/380V供电，控制线路应采用电压等级不低于交流500V的铜芯绝缘导线或铜芯电缆。

火灾自动报警系统的传输线路的线芯截面选择，除应满足自动报警装置技术条件的要求外，还应满足机械强度的要求。

7. 消防专用电源

需要和消防报警系统进行联动的设备，采用2台独立的变压器提供双回路供电，以保证供电的持续性要求。

8.1.3 有线电视系统

有线电视信号引自市内有线电视网，各老人房设终端，终端电平保证（75±5)dB。本建筑地下1层和地上1～3层商场部分预留有线电视分支分配器箱，由商场二次装修后再确定电视终端的分配。在确定有需要电视终端的柱子和墙面上，布置有线电视终端，4～12层在各老人房布置有线电视终端。有线电视系统采用分配—分支—分配的系统形式，即在地下1层设置分配器将信号分至各楼层，各楼层分区设置分支分配箱，以满足各个房间的需求。有线电视系统设计可参看图8-1（b）及图8-4（见文后插页）的设计方案分析。

有线电视系统是一种将各种电子设备、传输线路组合成一个整体的综合网络。本工程要求用户终端电平在（73±5)dB范围内，并且要求图像清晰度不小于4级标准。

电视前端信号采用市有线电视信号，从楼外由电缆引入。分配网络采用分配—分支形式，一方面可以有效地抑制反射信号，另一方面由于终端是分配—分支独立连接的，终端与终端之间互不影响，便于维修和以后的收费管理。但要注意分配期的输出端不能开路，否则会造成输入端的严重失真，还会影响其他输出端。因此，分配器输出端不适合直接用于用户终端。在系统中当分配器有输出端空余时，必须接75Ω负载电阻。

具体方式为：市有线电视信号通过电缆引至各区首层的前端箱，通过分配器将信号分至各层，再由各层的分支分配箱按顺序依次向后传递，同时就近提供给附近的终端。进楼干线电缆选用SYKV-75-9型，每层干线电缆选用SYWV-75-9型，每层分支分配箱至用户终端电缆选用SYKV-75-5型。

8.2 某智能小区弱电系统设计

某智能小区楼高为20层，住宅建筑规模包括地上面积及地下面积。其弱电工程包括联网可视对讲系统（带室内安防系统）、地下车库出入口车辆管理系统、闭路电视监控系统、主动红外周界防御系统、电子巡更系统。其中，地上及地下停车场闭路电视监控系统分布图如图 8-5、图 8-6 所示，主动红外周界防御系统分布图如图 8-7 所示，电子巡更系统分布图如图 8-8 所示。

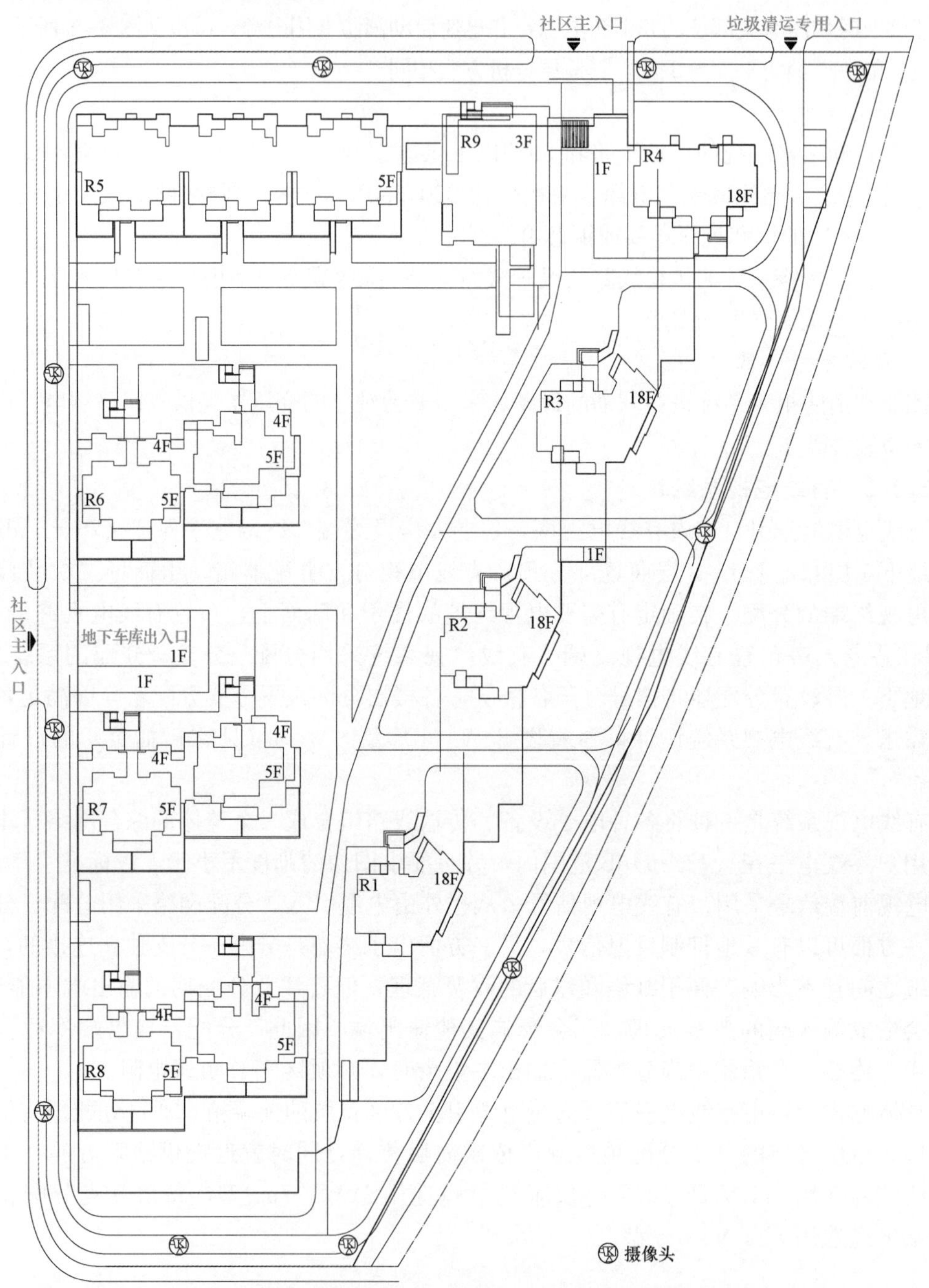

图 8-5　某智能小区地上停车场闭路电视监控系统分布图

1. 监控系统的功能

(1) 对小区或公共建筑物的主要出入口、主干道、周界围墙、停车场出入口以及其他重要区域进行记录。

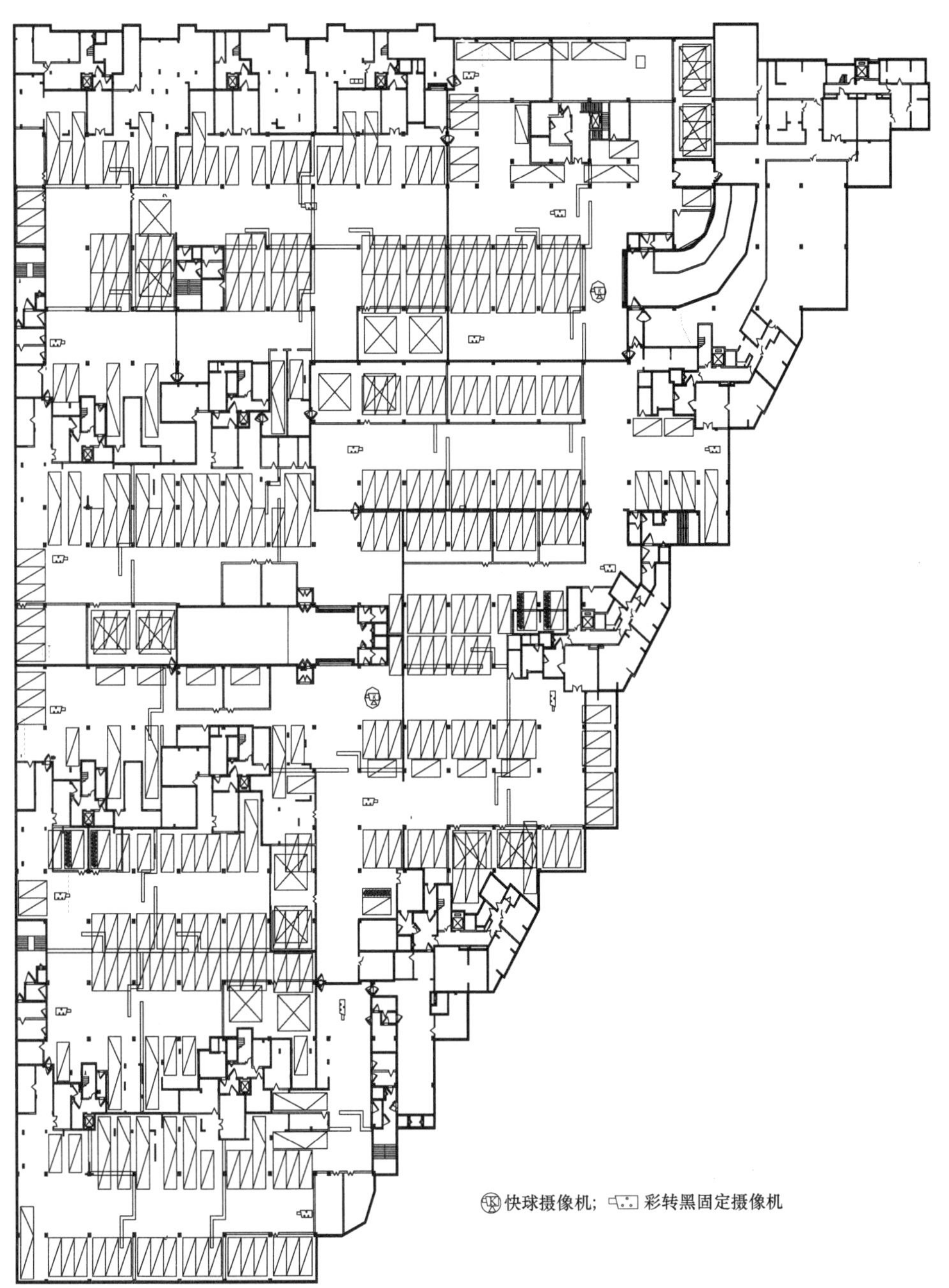

图 8-6　某智能小区地下停车场闭路电视监控系统分布图

(2) 监控中心监视系统应采用多媒体视像显示技术，由计算机控制、管理及进行图像记录。

(3) 系统可与防盗报警系统联动进行图像跟踪及记录。

(4) 视频失落及设备故障报警。

(5) 图像自动/手动切换、云台及镜头遥控。

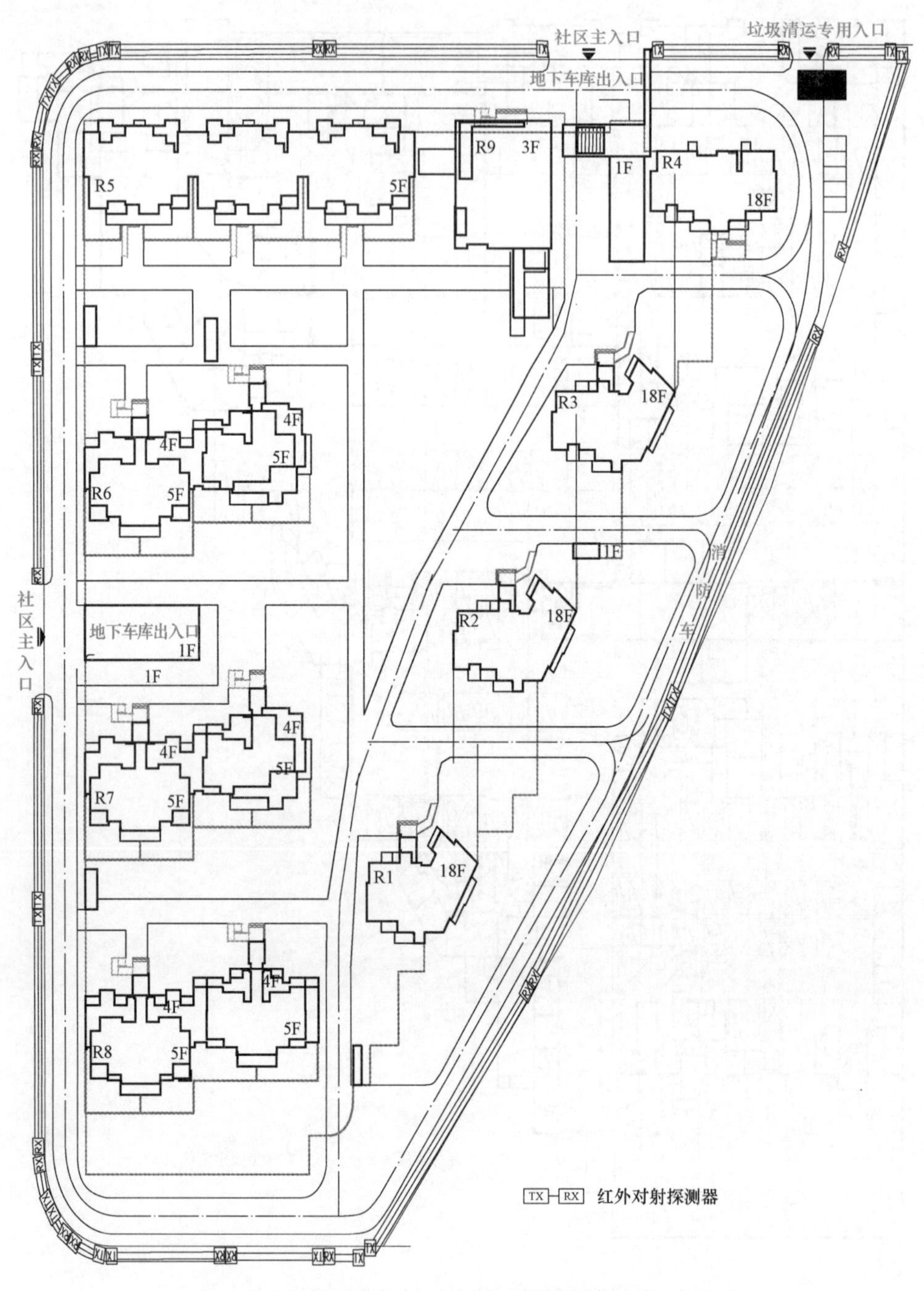

图 8-7　某智能小区主动红外周界防御系统分布图

2. 设计范围

在小区进出口、车辆进出口、小区周界、停车场及其他重点防范部位设置摄像机。摄像点按要求对所示位置进行布置，摄像机将图像传输到管理中心，对整个园区重要部位进行监控和记录，使管理人员随时了解园区动态。

入侵报警系统用来探测入侵者的移动或其他行动的报警系统。当系统运行时，只要有入侵行为的出现，就能发出报警信号。系统由探测部分（各类探测器）、信道、控制器和

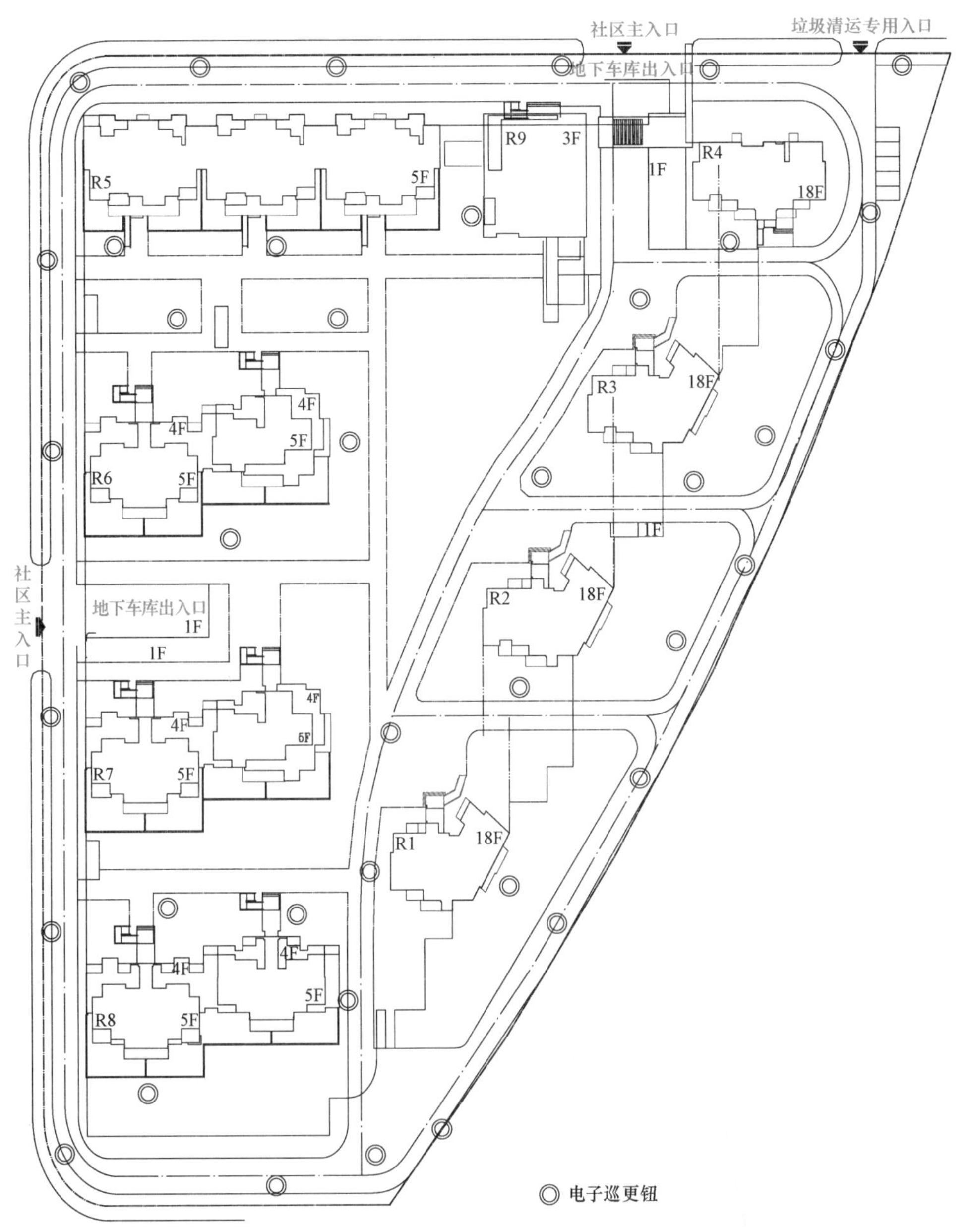

图 8-8　某智能小区电子巡更系统分布图

报警中心组成。

周界报警系统在小区四周围墙设置多对远距离红外对射探头，利用边界接口与总线相连，实现小区的周边防范。一旦小区周边有非法侵入行为，小区物业管理处的管理机和电脑就会发出报警，并显示出报警的编码、时间、地点等。

3. 报警控制通信主机

对于本工程而言，要求防范的区域较大，防范点较多，8 个基本接线防区，可扩充多至 248 个防区，使用有线、总线及无线防区。

报警控制通信主机是一个可编地址码的大型控制主机。主机自带 8 个防区，最多可扩展到 248 个，而且可提供多种类型的报警输入和本地报警输出。

特点：8 个分区，事件记忆，键盘编程，遥控编程，液晶显示标题可编，90 个用户码。

基本功能：支持 LED 和液晶键盘，自动布防/延时布防，公共分区，烟感探测报警确认，强制布防，应答机优先，输入/输出交叉矩阵，八继电器模块，可接 3 组电话号码。

出入口控制系统一般由出入口目标识别子系统、出入口信息管理子系统、出入口控制执行机构组成。

系统的前端设备为各种出入口目标的识别装置和门锁启闭装置；传输方式一般采用专线或网络传输；系统的终端为显示控制通信设备，可采用独立的门禁控制器，也可以通过计算机网路对各门禁控制器实施集中监控。

8.3 某地铁站弱电系统设计

地铁站为地下双层岛式车站。车站主体为西南至东北走向。设 4 个出入口通道，2 组风道。

8.3.1 工程概况

1. 车站规模

预计客流见表 8-2。站台形式及宽度为 10m 岛式站台；车外包尺寸180.5m×18.5m。车站为地下双层岛式站，地下 1 层为站厅层，地下 2 层为站台层。车站共设 4 条出入口通道，均独立设置。车站建筑面积为主体建筑面积 6679m^2，出入口通道建筑面积 1420m^2，出入口及风亭建筑面积 595m^2，风道建筑面积 1267m^2，总建筑面积 9961m^2。

表 8-2　　预 计 客 流

上　行			站　点	下　行		
上车人数	下车人数	断面	东方站	断面	上车人数	下车人数
4221	492	14 057	超高峰系数 1.3	10 120	571	3554

2. 设计依据及设计范围

设计依据：车站初步设计及图纸；初步设计专家审查意见；建筑专业提供的车站施工图；相关专业提供的用电资料及技术要求；系统施工图设计管理规定。

设计遵循的国家现行规范及标准有：GB 50157—2003《地铁设计规范》；JGJ 16—2008《民用建筑电气设计规范》；GB 50217—2007《电力工程电缆设计规范》；GB 50016—2006《建筑设计防火规范》；GB 50116—1998《火灾自动报警系统设计规范》；GB/T 50311—2007《综合布线系统工程设计规范》；GB/T 50314—2006《智能建筑设计标准》；其他相关的标准规范。

3. 设计范围

本设计范围为站内消防报警、闭路监控及综合布线系统的设计。

地铁站部分弱电系统图如图 8-9（见文后插页）和图 8-10 所示（见文后插页）。

8.3.2 消防报警系统

本工程属于低层一类建筑，防火等级为一级保护对象，按此类要求设计火灾自动报警系统。消防控制中心设在站厅层车站控制室，设置有火灾报警控制器、消防联动控制设备、消防专用电话、彩色 CRT 显示系统、打印机等设备。火灾自动报警系统除由消防电源做主电源外，另设直流备用电源，而且另设 UPS 装置供电。地铁站消防系统图如图 8-11 所示。

车站的办公室、设备室、会议室、配电室、泵房、走廊、公共区等场所设置火灾感烟探测器，车控室和变配电室及部分设备用房感温和感烟探测器混合设置。每个防火分区均设置手动火灾报警按钮（以下简称手报），从一个防火分区内的任何位置到最近的一个手报的距离均不大于 30m，各区的公共走道，重要房间均设置手报，另外某些房间还装设了报警电话。根据给排水专业提供的资料设置了消火栓按钮，并对一些不能用水灭火的房间设置了气体灭火装置。在车站控制室设置一台消防专用电话总机，且具备能自动转换到市话“119”的功能。在重要房间如配电室、水泵房、车控室、小系统通风机房、气瓶室、事故风机和排烟机的风道等均装设火警专用电话分机。所有报警信号均通过总线进入火灾报警控制器。

感烟探测器的设置按安装表面的形状、设置场所、位置等确定。当发生火灾时应能及时有效地探测火源的位置。在有梁的室内，探测器应离墙壁或梁的有效距离 0.6m 以上；设在低天棚房间面积为 $40m^2$ 以上或狭窄居室时，设置在入口附近；如天棚有送回风口，距进风口 1.6m 以上。

在走廊通路设置探测器。在 1.2m 以上的走廊通道，探测器设置在中心位置；楼房的走廊通道超过 30m 时，在每层的走廊两端各设一个探测器。当走廊及通道设有高为 0.6m 以上的横梁时，使邻接两端的两个探测器设在其有效范围内。水平距离超过 20m 的走廊至少设置一个探测器。

在电梯竖井、滑槽、管道间以及在自动扶梯等场所的设置探测器。

消防控制中心（简称消防中心）设置在本站 B 端站厅层消防控制室。站区各单体火灾自动报警系统接入本中心。消防中心的火警控制设备由火灾自动报警控制盘、CRT 图形显示屏、打印机、火灾事故广播设备、消防直通对讲电话、EPS 不间断电源及备用电源等组成。

在主要出入口、楼梯口等场所设手动报警器、警铃和消防电话插孔，变配电室、消防泵房、风机房等主要设备用房设消防直通对讲电话。以图 8-12 分析消防报警的设置。

站台设有以下装置及系统：消防控制及显示；室内消火栓系统（手动/自动控制消防水泵的启、停；显示启泵按钮所处的位置；显示消防水泵的工作、故障状态；显示消防水池的液位状态）；自动喷洒灭火系统（手动/自动控制消防水泵的启、停；显示报警阀、水流指示器的工作状态；显示消防水泵的工作、故障状态）；雨喷淋灭火系统（联动控制雨喷淋电磁阀；显示雨喷淋电磁阀工作状态）。还设有火灾自动报警灭火装置。火灾报警后，启动相关部位的排烟机、排烟阀、正压风机、正压风阀，并接收其反馈信号。火灾确认后，关闭相关部位的防火卷帘，并接收其反馈信号；发出控制信号，强制电梯全部降至基层，并接收其反馈信号；接通火灾应急照明灯及疏散指示灯；自动切断相关部位的非消防电源；按程序接通火灾报警装置及火灾事故广播。

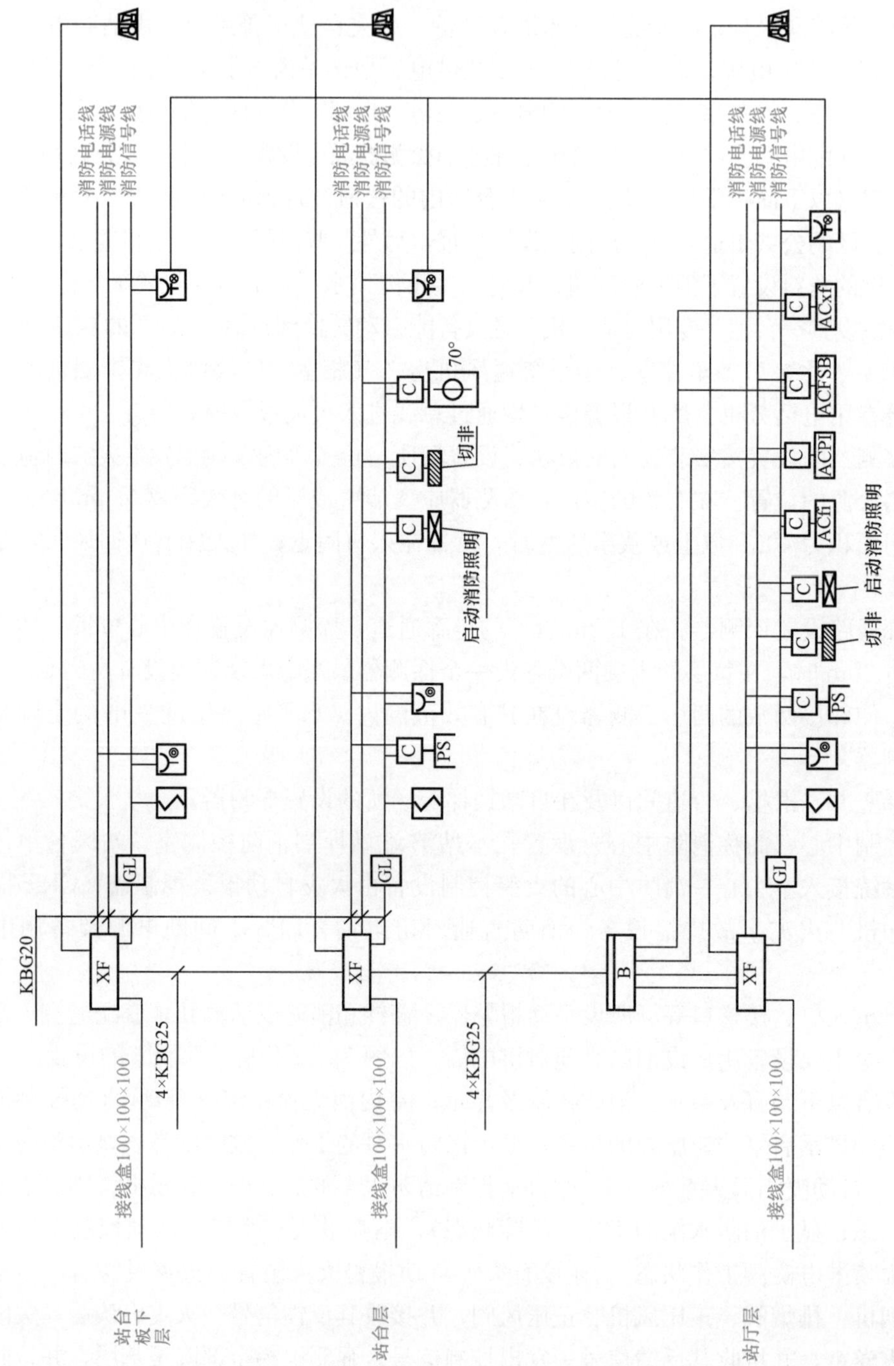

图8-11 地铁站消防系统图

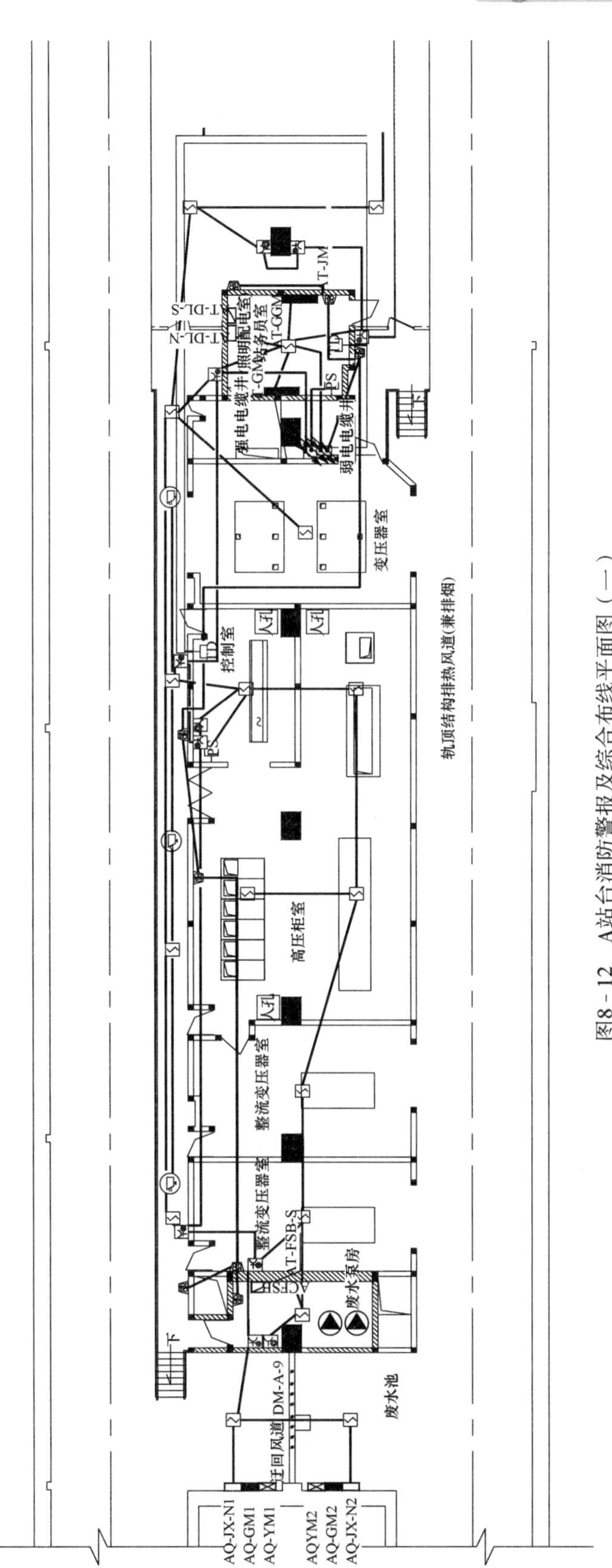

图8-12 A站台消防警报及综合布线平面图（一）

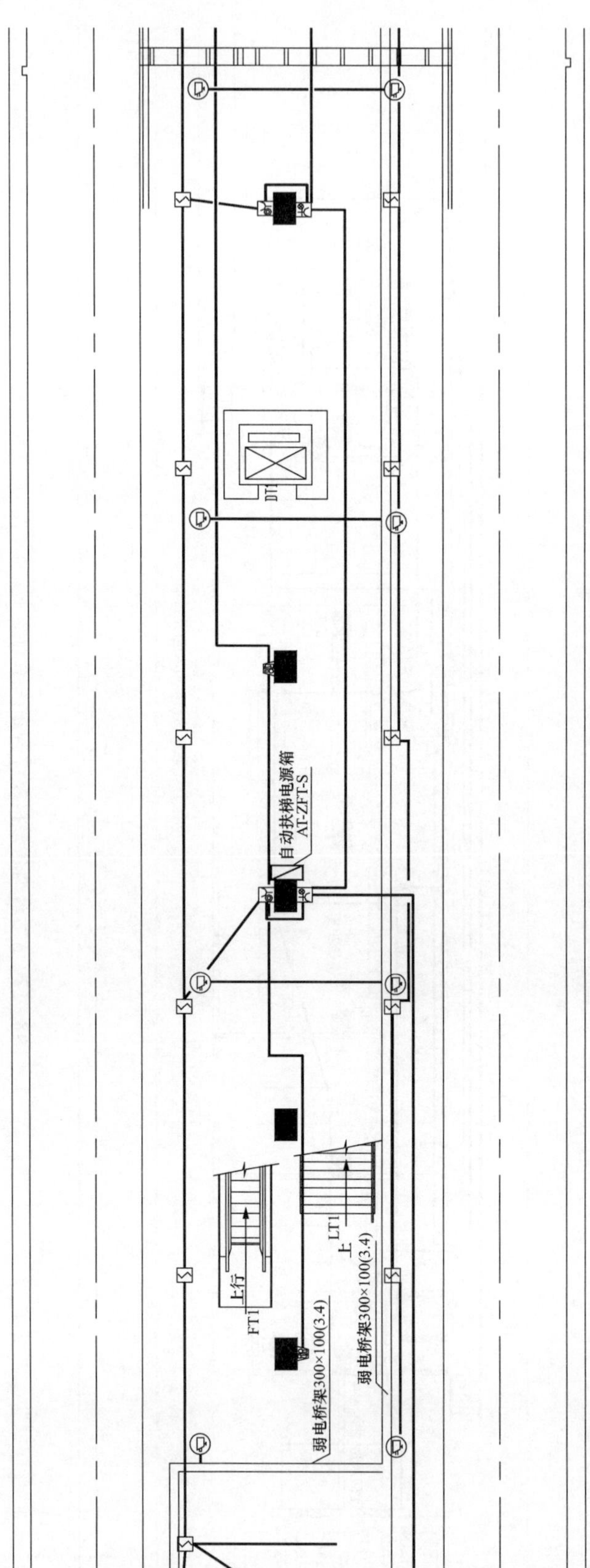

图8-12 A站台消防警报及综合布线平面图（二）

广播设备设于消防中心内，火灾时由消防中心自动或手动控制相关层广播。各公共区及功能性房间均设声光报警器。

工程消防用电设备及应急照明电源均为引自变电站两端低压母线的独立回路，且在负荷末级配电处作“一用一备”自动切换装置。该变电站高压侧为双电源进线。消防泵房、消防控制室、排烟机等消防设备用电均为一级负荷。在线路防火方面，电气线路采用阻燃电缆沿金属桥架敷设，消防用电设备电源线路采用耐火电缆。

8.3.3 综合布线系统

地铁站综合布线系统如图 8-13 所示。站厅层设公共通信机房，内设主配线架（MDF）、路由器、主交换机和网管服务器等设备。在站内，设多组分配架（IDF），整个布线为星形拓扑结构。

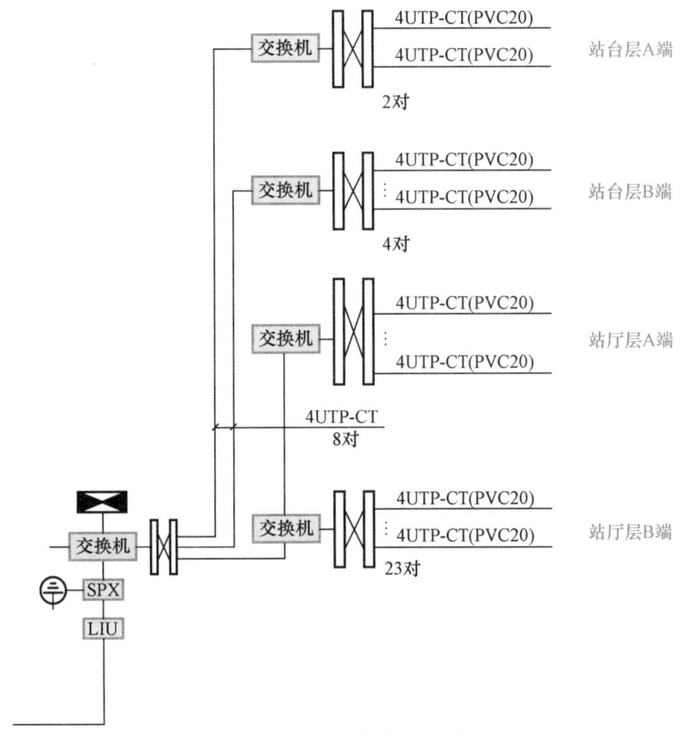

图 8-13 地铁站综合布线系统图

工作区子系统：由各层工作分区构成，采用标准信息插座（RJ45），计算机均通过信息插座形成网络系统。

水平子系统：选用高品质的 7 类 4 对 8 芯非屏蔽双绞线（UTP），以支持数据及视频传输。水平线缆由分配线架（IDP）经金属桥架引至各信息插座。

管理子系统：每层的弱电竖井作为一个管理间，用于旋转交换机、语音配线架，光纤及数据配线架、UPS 等设备，以实现各种网络功能和布线的要求。

垂直干线子系统：垂直干线采用 7 芯 72、5/125μm 的多膜光纤电缆，由计算机网管中心光纤主配线架（MDF），分别引至每层弱电竖井的光纤分配线架。

设备间子系统：位于控制中心，网络服务器、交换机、路由器等设备均放置在内。所有功能房间，每间设一个信息点，40m^{2}以上设两个。

8.3.4 闭路监控系统

车站是人流密度比较大的场所，因此采用闭路监控系统具有重要的意义。闭路电视系统一般由摄像、传输、显示及控制四个主要部分组成，图 8 - 14 为地铁站闭路电视监视系统图。

中央控制采用外挂多媒体的矩阵控制主机，并辅以高端的嵌入式硬盘录像主机，控制室设置相应电视墙和控制台。

在站内主要通道口、电梯轿厢等设置定焦摄像机或云台式摄像机（区域广阔的墙厅设高速智能球摄像机），所用摄像机均采用半球式吸顶安装。在一些风机房等重要房间或场所也设置相应摄像机，矩阵主机选用能实现分级控制的产品。

系统视频传输线路采用 SYV-75-5 型同轴电缆，控制线路采用 KVV 多芯电缆，均穿金属管敷设。

8.4 某综合楼弱电系统设计

本工程设置安防系统，安防系统包括入侵探测、报警监控、出入口控制及闭路电视监控的综合系统。安防监控中心设在 2 号楼地下弱电中心。

工程各系统图见图 8 - 15～图 8 - 19（图 8 - 16 见文后插页）。

8.4.1 闭路电视监控系统

（1）在各出入口、电梯厅、电梯轿厢、通道、车库、功能转换层的楼梯间及其他重要场所设置摄像监控点，进行实时动态监控、录像，了解和监视大楼内各个部位的动态情况，并及时进行有效的处理。

（2）系统由 CCD 摄像机、矩阵切换传输方式、显示监视器、解码器等组成。

（3）所有的摄像机电源由弱电中心统一供电，供电参数为 AC 24V/DC 12V。

（4）系统可与门禁控制系统联动，能自动接收非法闯入报警信号，并把附近对应的视频图像切换到指定显示器上显示，并录像。

（5）系统可与防盗报警系统联动，自动将报警现场图像切换到指定的监视器上显示，并进行录像。

8.4.2 防盗及求助报警系统

（1）本系统由红外/微波双鉴探测器、控制主机及各种外围设备等组成。在 1 层各入口等区域设置红外/微波双鉴探测器，在住宅区 4 层和顶层设置门磁、窗磁入侵报警。防盗报警系统留有专门接口与城市区域 110 报警网连接。

（2）本系统求助报警包括残疾人求助报警和住宅区紧急呼叫报警。在残疾人厕所内设置求助报警按钮，残疾人厕所门外设置声光报警器；在住宅主卧室、起居室、卫生间设置紧急呼叫报警。求助报警系统留有专门接口与城市区域 120 报警网连接。

8.4.3 门禁及巡查系统

（1）门禁控制系统由前端设备（包括卡片阅读器、电锁、开门按钮、门磁开关等）、控制设备（读卡机控制器）、服务器及管理软件等组成。系统采用感应式卡片阅读器、断电开门型电锁及嵌入安装式门磁开关。

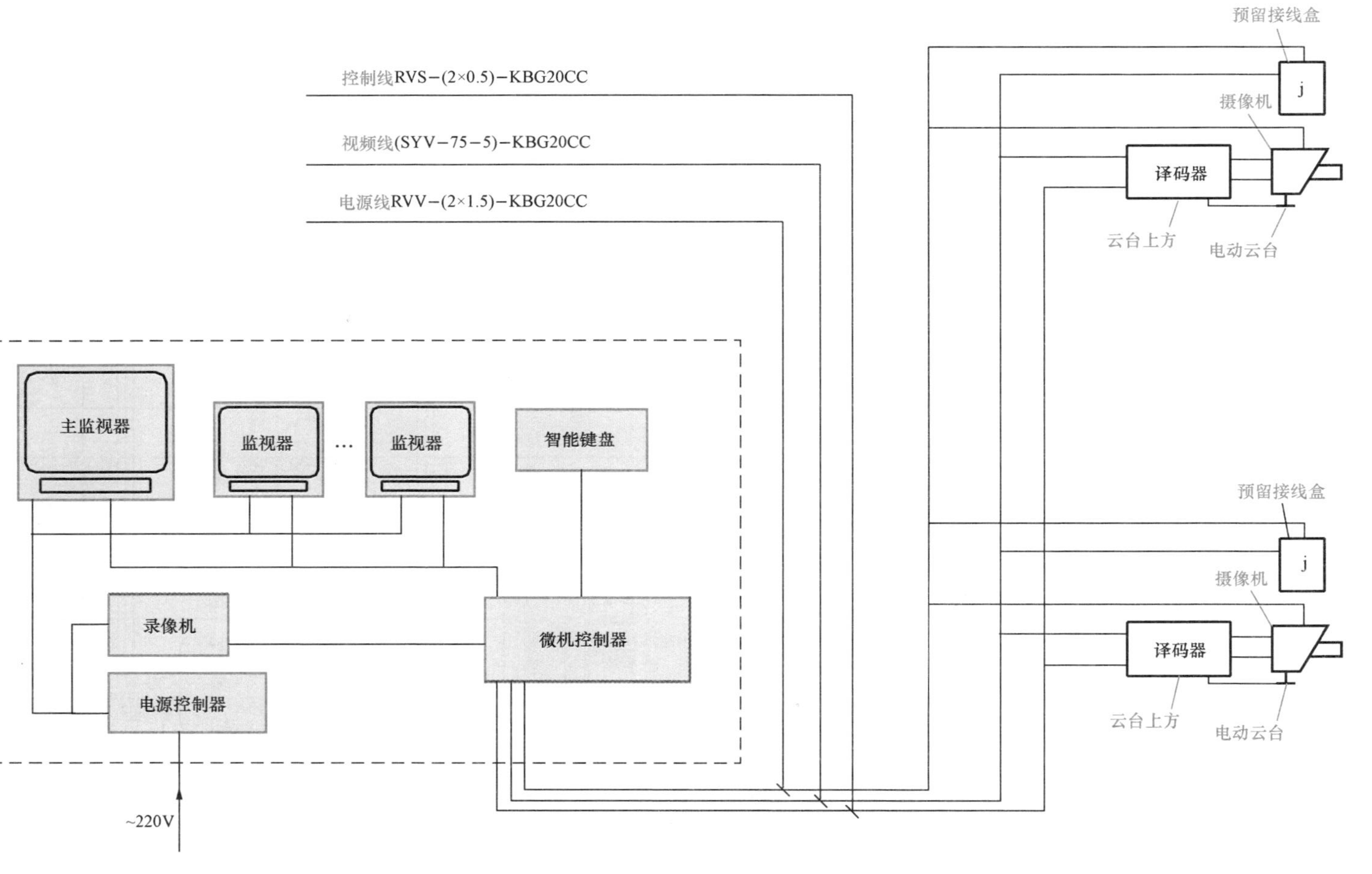

图8-14 地铁站闭路电视监视系统图

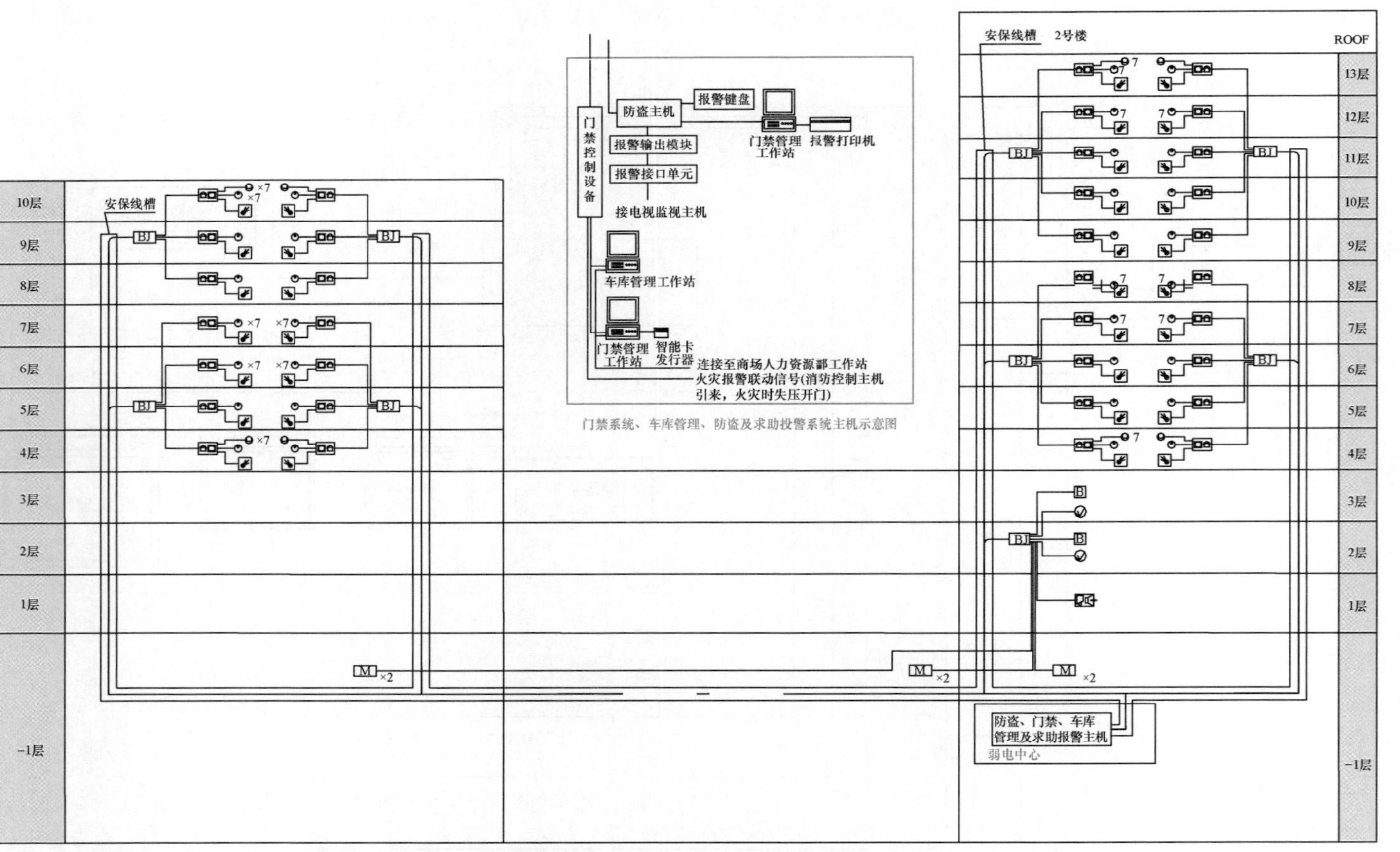

图8-15　某综合楼门禁系统、车库管理及求助报警管理系统

注：门禁系统、防盗及求助报警系统干线敷设于安保系统线槽内。

(2) 设立无线巡查系统，巡查点设置在楼梯口、电梯厅、门厅、走廊、拐弯处、地下车库、重点保护房间附近及室外重点部位。

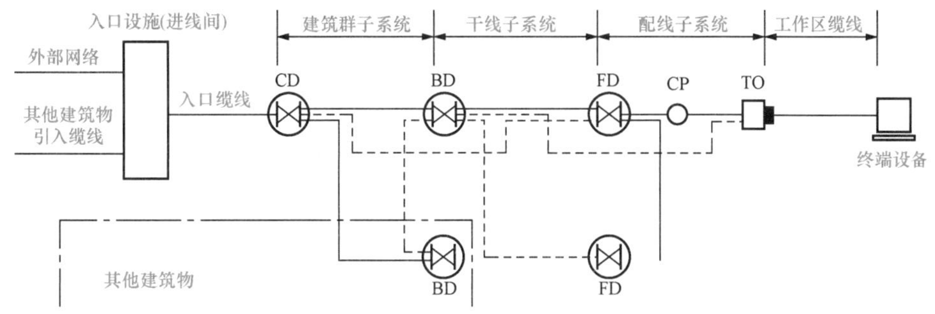

图 8-17　某综合楼综合布线系统组成

注：建筑物 BD 之间、建筑物 FD 之间可以设置主干缆线互通；
建筑物 FD 也可以经过主干缆线连至 CD；TO 也可以经过水平缆线连至 BD。

(3) 本系统纳入一卡通体系。

8.4.4 住宅对讲系统

(1) 整个系统采用分级分布式控制原理，利用模块化设计技术，将众多功能有机地结合在一起。整个系统有两级控制、4 层设备，构成了一个树形总线分布式的控制通信网络。每级控制连线均采用串行总线结构通信模式，简化了系统连线，方便施工安装。各层设备之间互换性好，具有故障检测定位及线路保护功能。信号传输距离远，安全可靠，并采用无损侦听技术，避免信号令阻塞和丢失。

(2) 可视对讲主机均采用 4 芯信号线加一根视频线的总线连接，1 号楼每 4 户放置一个层间分配器（DH-1000A-J）配接 1～4 户室内可视分机（DH-1000A-G），2 号楼每 5 户放置一个层间分配器（DH-1000A-J）配接 1～5 户室内可视分机（DH-1000A-G）。该分机电源每个单元由所在楼层公共照明箱提供电源采用开关电源，可满足宽电压范围内工作，同时也减少了工频对系统的干扰。

(3) 对讲系统有二级控制、4 层设备，由用户室内分机（DH-1000A-G）、层间分配器（DH-1000A-J）、室外可视对讲主机（DH-1000A-C）、管理中心（DH-1000A-M）构成。

(4) 室外可视主机（DH-1000A-C）（内置非接触门禁读卡器）安装位置：各梯道入口处。用户室内分机（DH-1000A-G）安装位置：起居室的墙壁上和住户房门门后的侧墙上。层间分配器（DH-1000A-J）安装位置：楼内的弱电竖井内。管理中心主机（DH-1000A-M）安装位置：住宅小区物业管理保安人员值班室内的工作台面上。

(5) 本系统纳入一卡通体系。

(6) 随着时代的发展，对居住环境的要求越来越高，因此可根据需要，在住户室内设置 3G 移动通信终端模块与室内分机联动。该系统可实现以下功能：

1) 住户可通过手机呼叫，系统按设定确认后，开启进入楼的门。

2) 住宅内有人按紧急呼叫按钮求助，1h 后，信号未消除，自动将呼救时间地点短信发送到预先设定的手机上，2h 后，信号未消除，自动按顺序逐一呼叫预先设定的手机号。

8.4.5 车库管理系统

(1) 车库管理系统是机电一体化的计算机集散控制系统，由出入口票据验读器、泊位调

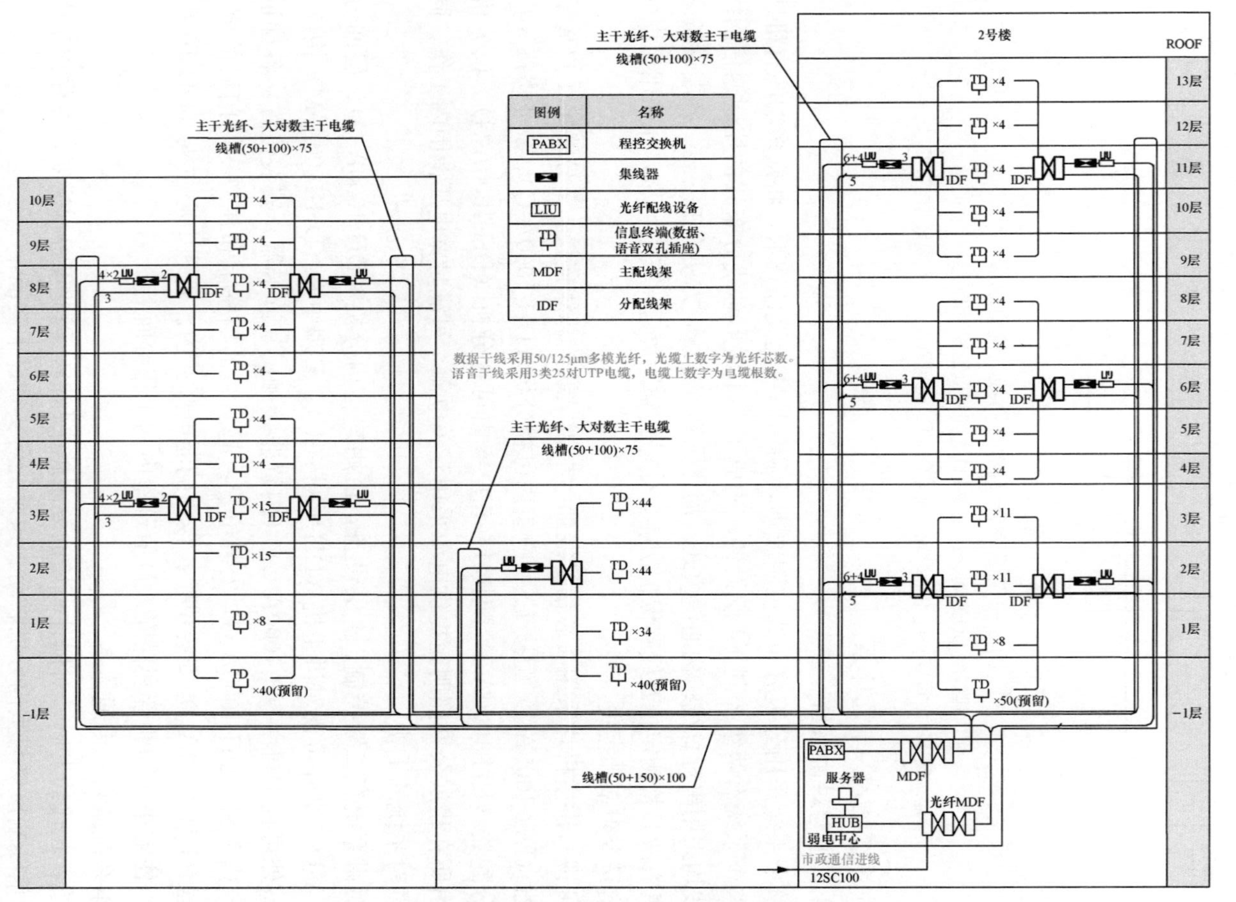

图8-18　某综合楼综合布线干线系统图

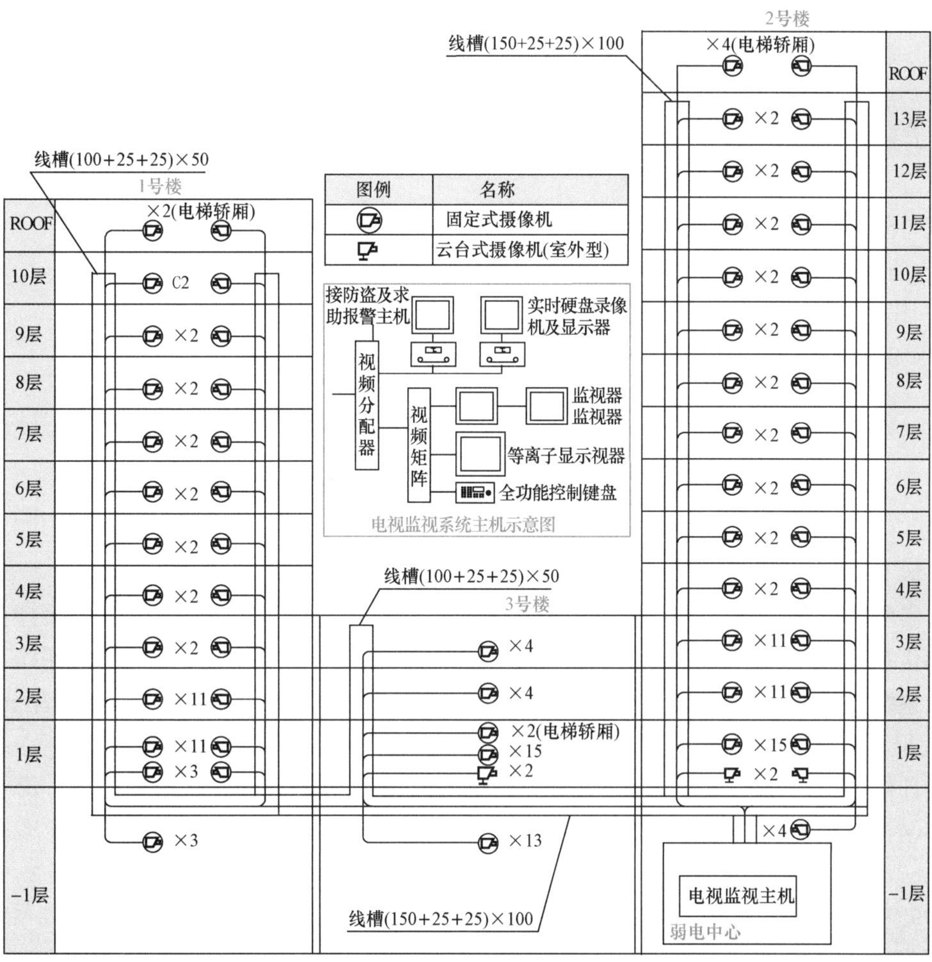

图 8-19 某综合楼电视监视干线系统图

度控制器、车牌识别器及管理中心组成，采用微型计算机实现管理，其工作范围包括车库车辆状况的监测、车辆系列服务管理及计时与收费管理。本系统管理室设在 2 号楼地下室。

(2) 车库管理系统需与消防报警系统、安保系统、建筑设备自动化管理系统建立密切联系。

(3) 本系统纳入一卡通体系。

8.4.6 综合布线系统

1. 综合布线系统的设计内容

(1) 工作区子系统。由住 2 栋高级高层宅楼和商场构成，采用标准信息插座（RJ45），计算机均通过信息插座形成网络系统。

(2) 水平子系统。选用高品质的 6 类 8 芯非屏蔽双绞线（UTP），以支持数据及视频传输。水平采用金属线槽及保护管在吊顶内敷设。

(3) 管理子系统。楼层设电信间或弱电间，用于放置交换机、语音配线架，光缆及数据配线架、UPS 等设备，以实现各种网络功能和布线要求。

(4) 垂直干线子系统。垂直干线采用多模光缆（数据）和 3 类大对数 UTP 电缆（语音），由计算机网管中心光纤主配线架（MDF）分别引至每层弱井的光纤分配线架。

（5）设备间子系统。位于地下室控制中心。网络服务器、交换机、路由器等设备均放置在内。

（6）建筑群子系统。由1号、2号、3号楼组成。

（7）进线间。2号楼地下层弱电中心。

2. 综合布线系统的布置要求

（1）楼内信息点分布要求。

1）商场每20m² 一个点考虑。

2）住宅中每户书房、起居室、卧室及餐厅各设一个信息点。

3）弱电中心预留与楼外连接的出线端口。

（2）除注明外，信息出线盒采用86型金属盒。

8.5 办公楼综合布线设计实例

8.5.1 工程概况及设计依据

此实例为综合办公楼，地上22层，地下2层，建筑面积为40000m²。电气设计主要包括结构化布线系统、计算机网络系统、语音通信系统、安全防范系统、楼宇自控系统、多媒体会议系统、无线通信辅助系统、卫星接收及有线电视系统、公共广播及背景音乐系统、LED大屏幕显示及触摸查询系统、信息机房建设系统。

设计依据建筑平面图及国际有关标准：ANSI/EIA/TIA—569（CSA T530）商业大楼和空间结构标准；ANSI/EIA/TIA—568（CSA T529—95）商业大楼通信布线标准；ISO/IEC 11801《国际商务建筑布线标准》；GB/T 50341—2007《智能建筑设计标准》；JGJ/T 16—1992《民用建筑电气设计规范》；GB/T 50311—2007《建筑与建筑群综合布线系统工程设计规范》；GB/T 75—1994《安全防范工程工序与要求》；GBJ 79—1985《工业企业通信接地设计规范》；GBJ 115—1987《工业电视系统工程设计规范》；GB/T 16572—1996《防盗报警中心控制台》；GB 50054—1995《低压配电设计规范》；GB 50174—1993《电子计算机机房设计规范》；GB 50057—1994《建筑物防雷设计规范》；FCJ08—83—2000/J10011—2000《防静电工程技术规范》和GB/T 14079—1993《软件维护指南》。

8.5.2 语音通信及宽带网络系统

1. 语音通信系统

大楼语音通信系统布线部分由综合布线系统提供，交换部分可采用电信运营商提供的“虚拟总机”业务，也可配备内部程控交换机。如配备程控交换机，交换机房设在信息中心机房内，并由信息中心提供不间断电源保护。

每层弱电配线间到程控机房预埋25对通信电缆，一根8芯多模光纤。详见结构化布线系统图（见图8-20）。

2. 宽带网络系统

宽带网络系统由结构化布线系统、计算机网络系统等组成。详见结构化布线系统图（见图8-21）所示。

数据干线采用八芯多模光纤；语音干线采用大对数UTP；水平布线采用CAT6UTP；

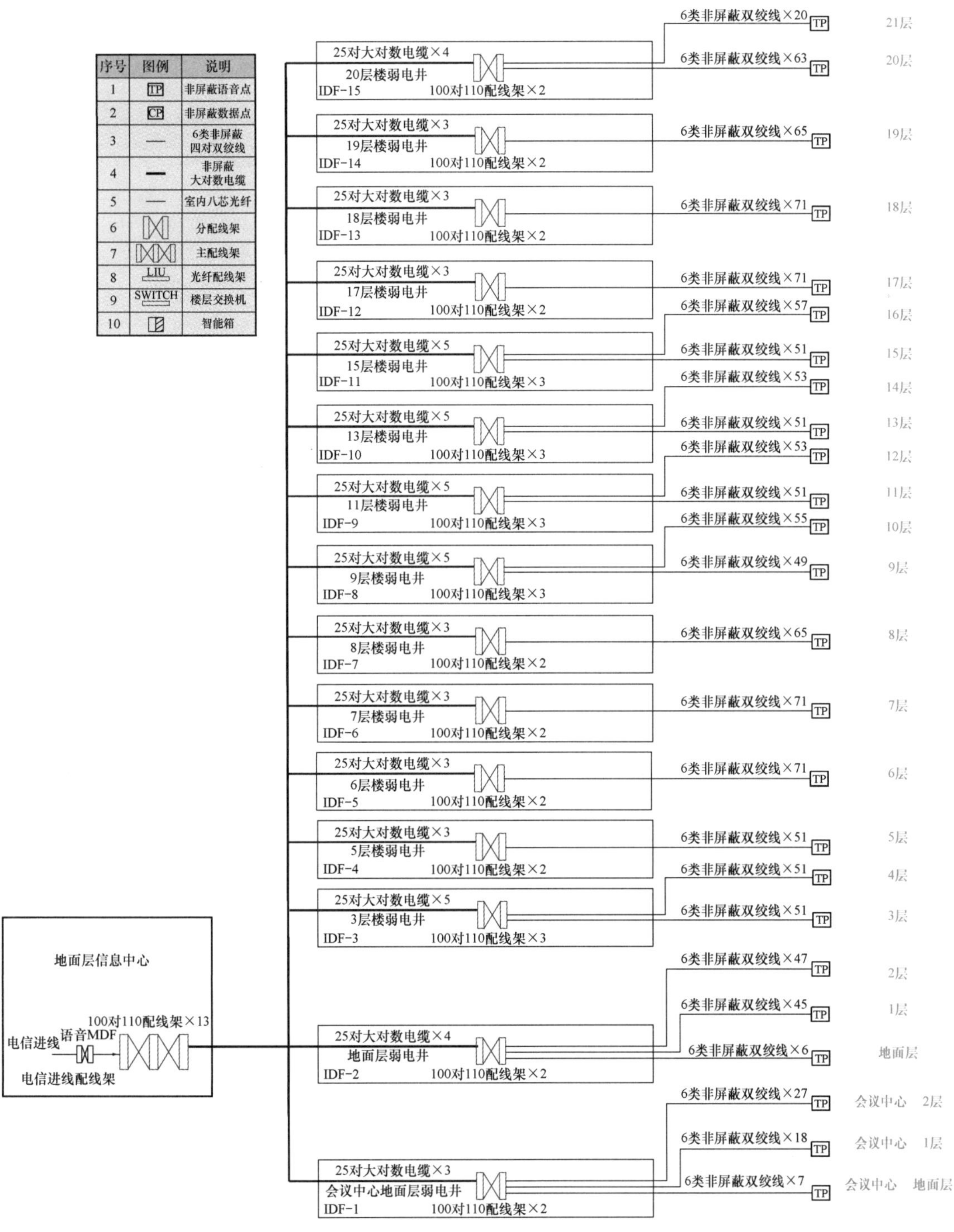

图 8-20 语音通信系统

注：①本系统设计采用六类布线，水平部分全部采用六类四对非屏蔽双绞线。

②网络主干部分采用 8 芯多模室内光纤，从网络中主机引至楼层弱电间。

③室内语音主干采用三类 25 对大对数，从中心网络机房引至楼层弱电间。

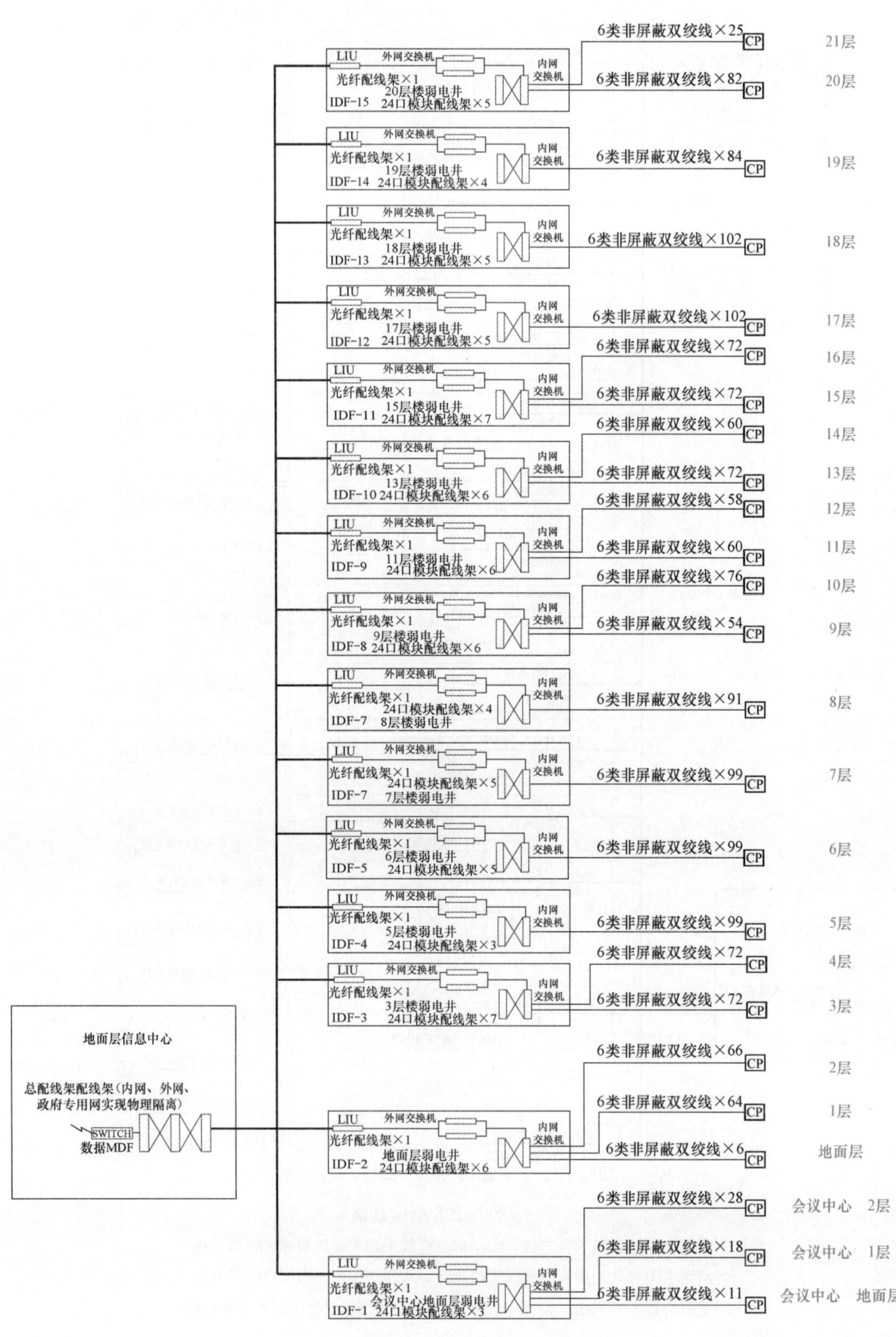

地面层信息中心
总配线架配线架(内网、外网、政府专用网实现物理隔离)
SWITCH
数据MDF
LIU
外网交换机
光纤配线架×1
20层楼弱电井
IDF-15
24口模块配线架×5
内网交换机
6类非屏蔽双绞线×25
CP
21层
6类非屏蔽双绞线×82
20层
19层楼弱电井
IDF-14
24口模块配线架×4
6类非屏蔽双绞线×84
19层
18层楼弱电井
IDF-13
24口模块配线架×5
6类非屏蔽双绞线×102
18层
17层楼弱电井
IDF-12
24口模块配线架×5
6类非屏蔽双绞线×102
17层
6类非屏蔽双绞线×72
16层
15层楼弱电井
IDF-11
24口模块配线架×7
6类非屏蔽双绞线×72
15层
6类非屏蔽双绞线×60
14层
13层楼弱电井
IDF-10
24口模块配线架×6
6类非屏蔽双绞线×72
13层
6类非屏蔽双绞线×58
12层
11层楼弱电井
IDF-9
24口模块配线架×6
6类非屏蔽双绞线×60
11层
6类非屏蔽双绞线×76
10层
9层楼弱电井
IDF-8
24口模块配线架×6
6类非屏蔽双绞线×54
9层
24口模块配线架×4
IDF-7
8层楼弱电井
6类非屏蔽双绞线×91
8层
24口模块配线架×5
IDF-7
7层楼弱电井
6类非屏蔽双绞线×99
7层
6层楼弱电井
IDF-5
24口模块配线架×5
6类非屏蔽双绞线×99
6层
5层楼弱电井
IDF-4
24口模块配线架×3
6类非屏蔽双绞线×99
5层
6类非屏蔽双绞线×72
4层
3层楼弱电井
IDF-3
24口模块配线架×7
6类非屏蔽双绞线×72
3层
6类非屏蔽双绞线×66
2层
6类非屏蔽双绞线×64
1层
地面层弱电井
IDF-2
24口模块配线架×6
6类非屏蔽双绞线×6
地面层
6类非屏蔽双绞线×28
会议中心 2层
6类非屏蔽双绞线×18
会议中心 1层
会议中心地面层弱电井
IDF-1
24口模块配线架×3
6类非屏蔽双绞线×11
会议中心 地面层

图 8-21 宽带网络系统

工作区采用通用RJ45模块化插座，并满足CAT6指标；管理区采用RJ11模块化配线架110跳线架，并采用相应的跳线管理；主配线间均采用19in线架，标准机柜安装配线管理单元及相关设备。

系统主设备间设在指挥中心大楼地面层信息中心，设备间应考虑采取防静电内装修。在会议中心地面层、指挥中心地面层、3层、5～9层、11层、13层、15层、17～20层设有楼层弱电间，弱电间内设有17in标准机柜，中心机房数据信号通过光纤连接到各层弱电间网络设备，电话信号通过大对数110电缆连接到各楼层弱电间。

技术要点如下：

工作区采用模块化RJ45端口信息插座，语音数据方便互换，便于终端设备的调整、升级，信息插座采用国标面板，安装高度同电源插座（距地面30cm），并与电源插座保持200mm以上净间距；用户出线口暗装，底边距地0.3m安装，领导卫生间电话出线口距地1.4m安装水平布线，采用英国爱达讯4对6类非屏蔽双绞线，由信息插座穿暗管至过道吊顶内水平桥架，再经弱电竖井汇聚至楼层设备间；所有领导办公室及领导办公室楼层会议室均采用地插方式预留一跟6芯室内多模光纤到相应楼层配线间。

干线光缆采用50/125um多模室内光缆，光配线架采用机柜式安装，端接采用标准ST耦合器。网络核心交换机、程控电话交换机、宽带接入设备、网络服务器等设备均安放于地面层弱电控制中心，集中管理，机房内安装气体灭火设备。

信息中心机房内设长时延、在线式UPS，楼层设备间电源应由信息中心提供；所有UTP端接均采用T568B标准；中心机房设在指挥中心大楼地面层信息中心，分配线间设在会议中心地面层、指挥中心地面层、3层、5～9层、11层、13层、15层、17～20层。

主楼竖井桥架及地面层弱电井到地面层信息中心和消防安保中心之间水平桥架，采用400cm×200cm，垂直桥架采用400cm×200cm。

指挥中心主楼水平桥架采用（200＋100）cm×100cm，会议中心及指挥中心地下层和地面层水平桥架采用200cm×100cm。

8.5.3 安全防范系统

1. 闭路电视监控系统

在大楼各主要出入口、入口大厅、电梯、车库和过道及上述场院所进行视频监控，安全防范系统图如图8-22所示。

2. 防盗报警系统

在大楼周边设置周边红外对射探测器，在出入口处等重要地段安装报警探测器，根据不同的需要设置微波/红外双监视器、玻璃碎探测器等，当系统确认报警信号后，自动发出报警信号，提示管理人员及时处理报警信息。安全防范系统图如图8-22所示。

3. 门禁系统

大楼的主要出入口安装门禁，同时对某些重要部位进行防范，采用入侵报警探测器，探头与摄像机进行联动，构成点面结合的立体综合防护；系统能按时间、区域、部位任意设防或撤防，能实时显示报警部位和有关报警资料并记录，同时按约定启动相应的联动控制；系统具有防拆及防破坏功能，能够检测运行故障；系统与闭路电视监控系统联动，所有的控制集中在消防安保监控室管理。门禁系统图如图8-23所示。

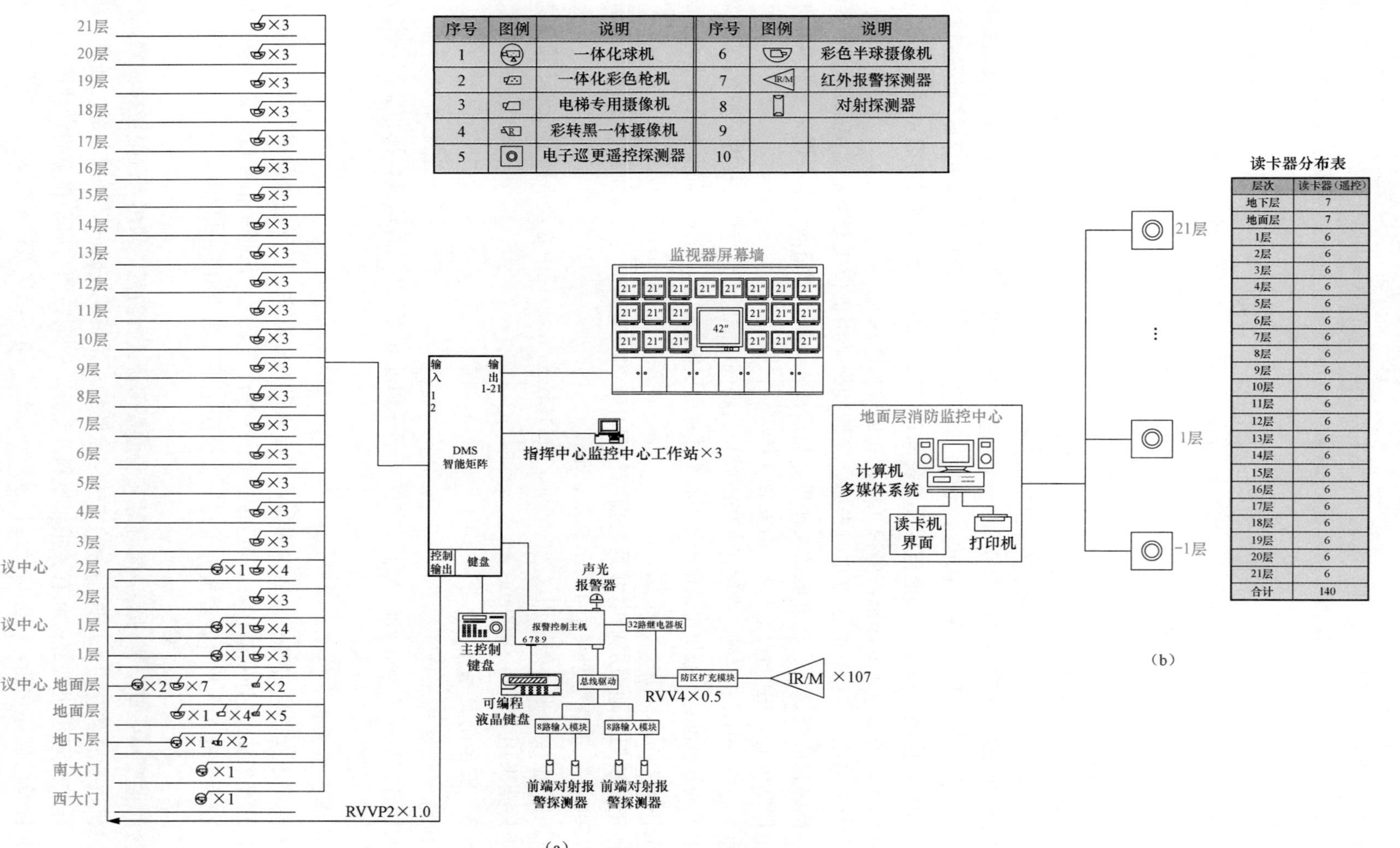

序号	图例	说明	序号	图例	说明
1		一体化球机	6		彩色半球摄像机
2		一体化彩色枪机	7	IR/M	红外报警探测器
3		电梯专用摄像机	8		对射探测器
4		彩转黑一体摄像机	9		
5		电子巡更遥控探测器	10		

读卡器分布表

层次	读卡器(遥控)
地下层	7
地面层	7
1层	6
2层	6
3层	6
4层	6
5层	6
6层	6
7层	6
8层	6
9层	6
10层	6
11层	6
12层	6
13层	6
14层	6
15层	6
16层	6
17层	6
18层	6
19层	6
20层	6
21层	6
合计	140

图8-22 安全防范系统图

(a) 地面层消防安保中心; (b) 巡更系统框图

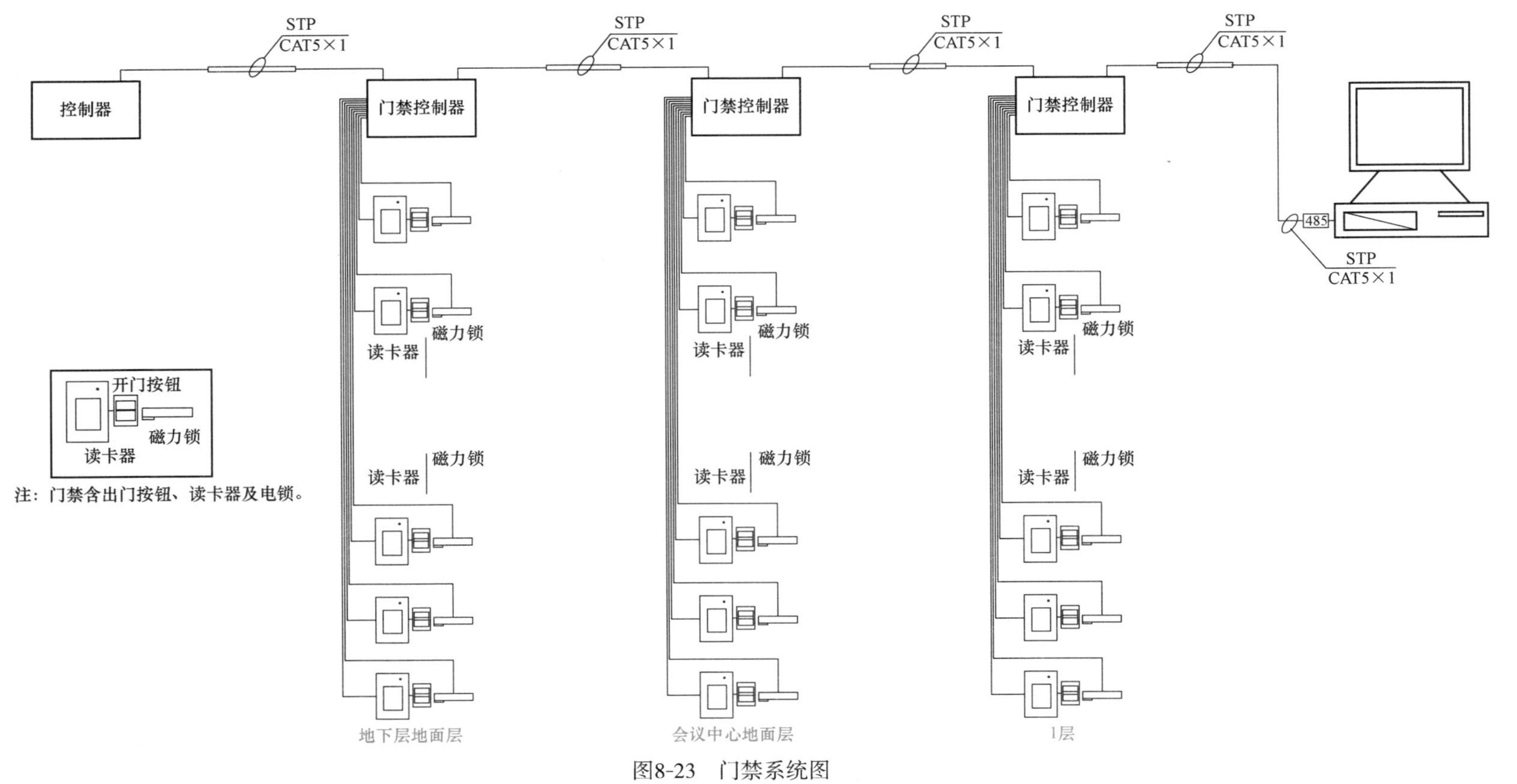

注：门禁含出门按钮、读卡器及电锁。

图8-23 门禁系统图

4. 停车场管理系统

在地下停车场安装停车场管理系统，在停车场出入口安装车辆道闸。车库计算机管理系统布线图如图 8-24 所示。

8.5.4 楼宇自控系统

本系统应满足系统集成的网络体系结构，包括系统、网络结点、通信线路和网络拓扑等各个方面，如图 8-25 所示。

总控指挥中心设在消防安保中心，中央监控站应完全能够自动控制整个系统的日常运作。大楼楼宇自控系统主要包括空调系统监控、新风机组监控、送排风事故风机监控、排烟风机监控、排风兼排烟风机监控和风机盘管监控，如图 8-26～图 8-31 所示。

热泵系统监控、照明监控、生活水泵监控、机房层水箱监控及水箱监控控制详见图 8-32～图 8-36 所示。

排水系统监控、新风机组监控、电梯监控及室内外照明监控如图 8-37～图 8-40 所示。

8.5.5 多媒体会议系统

多媒体会议系统按使用功能和系统组成可划分为音频、扩声、视频、会议发言、中央控制系统各子系统，如图 8-41 所示。

1. 音频及扩声系统

按一级标准进行设计，以语言清晰和声场均匀度为主，根据会议场所现场情况及功能的不同，分别设置音箱、功放、调音台周边设备及传声器。

2. 视频系统

视频系统用于满足会议资料显示，在会议厅设置显示投影仪和实物投影仪；专业电视会议厅在其主席台后侧方，使用一块 150in 电动屏幕与吊装的高度投影仪，用于显示信息。

3. 会议发言系统

专业会议厅采用带电话会议扩展功能的会议讨论系统，对代表发言进行控制。

4. 中央控制系统

会场面积大，设备多，操作繁复时，设置一套中央控制系统，通过一台轻便、美观的无线触摸屏，可以实现对所有会议相关的设备进行控制、调节或操作，比如 DVD 机、投影机的操作，电动屏幕、电动窗帘、音量的大小、灯光亮度的调节、普通大中小会议室可按需配置不同的会议子系统。

8.5.6 无线通信辅助系统

本系统包括移动电话楼内基站、无线对讲系统、无线局域网系统等各个方面。移动电话楼内基站均采用隐蔽式安装，局端信号线缆在大楼内并入综合布线系统。无线对讲系统用于整个行政中心区域，在部分场合设置无线局域网接入点（AP）。详见图 8-42 所示的无线通信辅助系统和图 8-43 所示的卫星接收及有线电视系统。

（1）普通电视信号由广播电视台引入，系统采用 862MHz（双向）高隔离度邻频传输系统。所有引入端设置过电压装置。

（2）若：任意频道间≤10dB 相邻频道间≤3dB，频道频率稳定度为±25kHz，图像/伴音频率间隔稳定度±25kHz，用户电平要求（64，64±4）dB，图像清晰度应在 4 级以上。

（3）干线电缆选用 SYWV75-12（4P），支线电缆选用 SYWV-75-5（4P）（四屏蔽

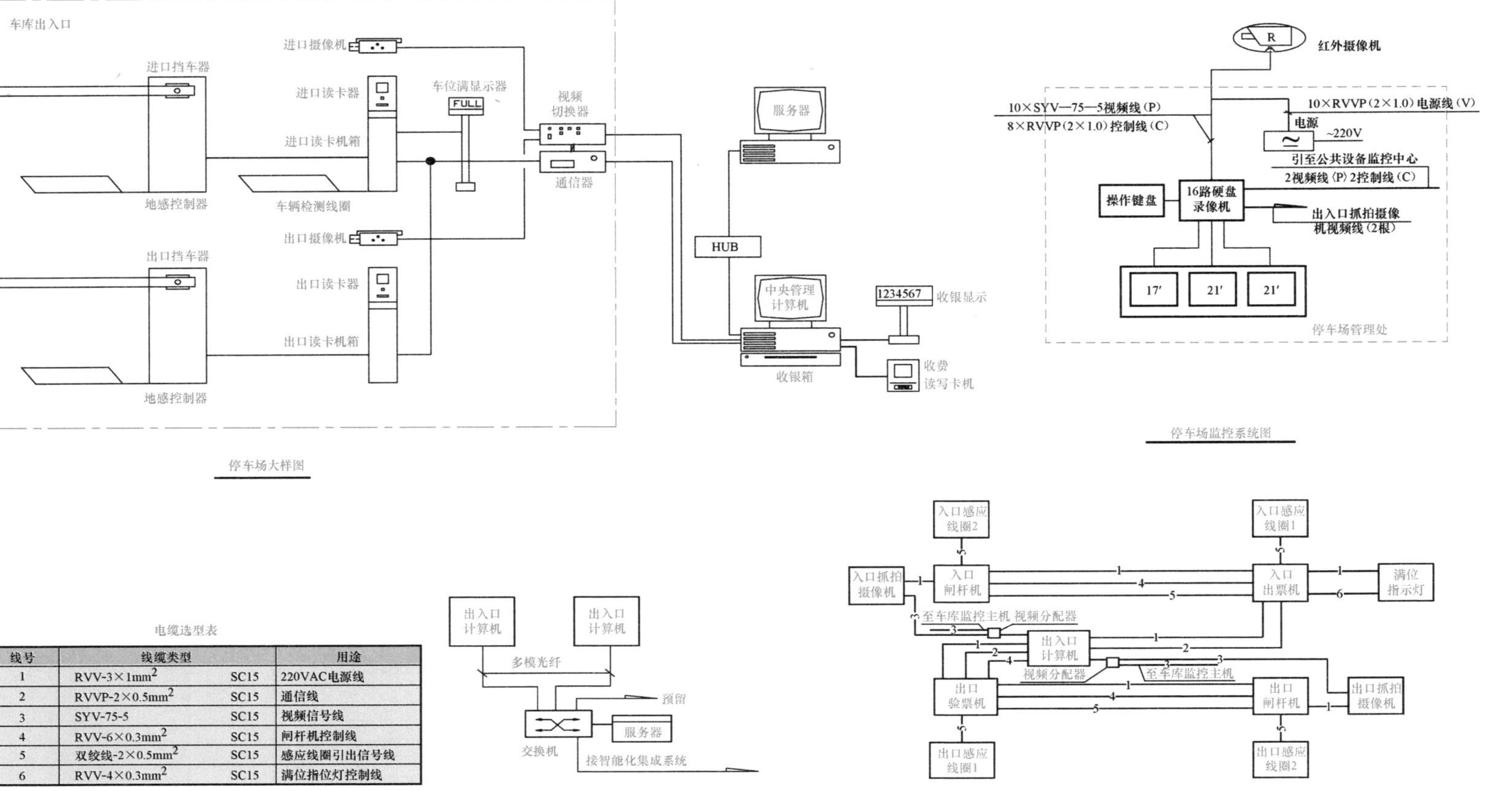

电缆选型表

线号	线缆类型		用途
1	RVV-3×1mm^2	SC15	220VAC电源线
2	RVVP-2×0.5mm^2	SC15	通信线
3	SYV-75-5	SC15	视频信号线
4	RVV-6×0.3mm^2	SC15	闸杆机控制线
5	双绞线-2×0.5mm^2	SC15	感应线圈引出信号线
6	RVV-4×0.3mm^2	SC15	满位指位灯控制线

图8-24　车库计算机管理系统布线图

楼层	设备				控制器
JFF	屋顶水箱液位控制	热泵机组（四台）	冷冻泵（六台）	排风机（二台）	DPU—UC
21层	新风机组（二台）	照明（七路）	风机盘管电源（一路）		DPU—UC
20层	新风机组（二台）	照明（九路）	风机盘管电源（一路）		DPU—UC
19层	新风机组（二台）	照明（九路）	风机盘管电源（一路）		DPU—UC
18层	新风机组（二台）	照明（九路）	风机盘管电源（一路）		DPU—UC
17层	新风机组（二台）	照明（九路）	风机盘管电源（一路）		DPU—UC
16层	新风机组（二台）	照明（九路）	风机盘管电源（一路）		DPU—UC
15层	新风机组（二台）	照明（十二路）	风机盘管电源（一路）		DPU—UC
14层	新风机组（二台）	照明（九路）	风机盘管电源（一路）		DPU—UC
13层	新风机组（二台）	照明（十二路）	风机盘管电源（一路）		DPU—UC
12层	新风机组（二台）	照明（九路）	风机盘管电源（一路）		DPU—UC
11层	新风机组（二台）	照明（十二路）	风机盘管电源（一路）		DPU—UC
10层	新风机组（二台）	照明（九路）	风机盘管电源（一路）		DPU—UC
9层	新风机组（二台）	照明（十二路）	风机盘管电源（一路）		DPU—UC
8层	新风机组（二台）	照明（九路）	风机盘管电源（一路）		DPU—UC
7层	新风机组（二台）	照明（九路）	风机盘管电源（一路）		DPU—UC
6层	新风机组（二台）	照明（九路）	风机盘管电源（一路）		DPU—UC
5层	新风机组（二台）	照明（十四路）	风机盘管电源（一路）		DPU—UC
4层	新风机组（二台）	照明（十三路）	风机盘管电源（一路）		DPU—UC
3层	新风机组（二台）	照明（十三路）	风机盘管电源（一路）		DPU—UC
2层	新风机组（二台）	照明（十三路）	风机盘管电源（一路）		DPU—UC
1层	新风机组（二台）	照明（十三路）	风机盘管电源（一路）		DPU—UC
D层	生活泵（六台）	照明（十四路）	风机盘管电源（一路）		DPU—UC
B1层	排水泵（十台）	排风机（二台）	照明（十四路）		DPU—UC（弱电间）—MBC

序号	图例	说明
1	DPU UC MBC	直接数字式控制器
2		操作终端
3		双级屏蔽线
4	Digipact	变电站计算机管理系统接口
5	Integrator	热泵机组电脑管理系统接口 电梯电脑管理系统接口
6	C-BUS	专业照明控制器接口

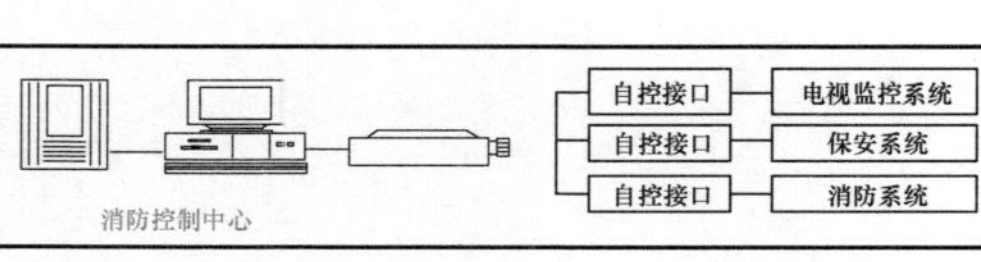

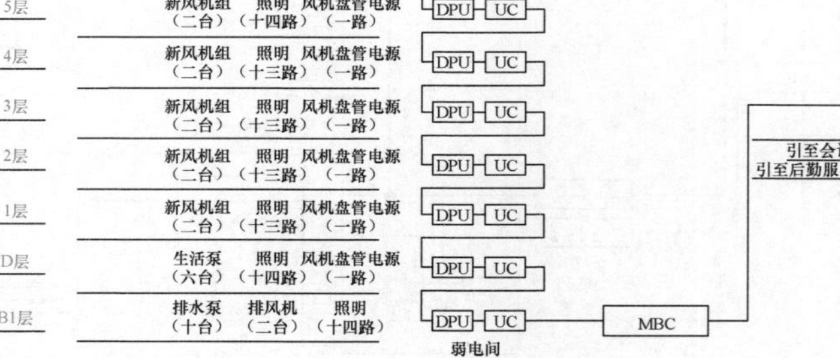

图8-25 楼宇设备自控系统

注：①本系统为网络示意图，具体控制器的配置由承包商深化；②与第三方配套接口由各产品厂商同自控产品厂商协调；③控制器设置仅示意，由承包商根据产品点数配置再分配布置；④控制器及执行机构供电电源由控制中心统一分配。

序号	图例	说明	序号	图例	说明
1	T	温度传感器	7	P	压力传感器
2	H	湿度传感器	8	M	电动机
3	F	流量传感器	9	⋈	二通阀 蝶阀
4	L	液位传感器	10	AI	模拟量输入
5	K	水流传感器	11	DI	数字量输入
6	ΔP	压差传感器	12	DO	数字量输出

AI	AO	DI	DO
2	3	6	1
12			

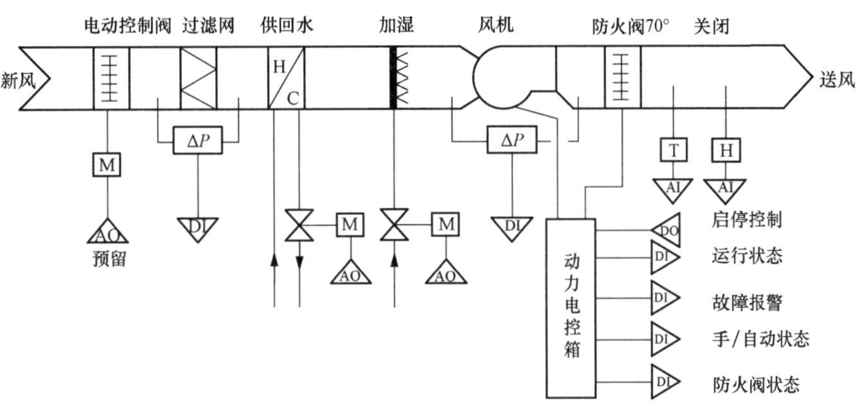

图 8-26 新风机组监控原理图

AI	AO	DI	DO
4	3	6	1
14			

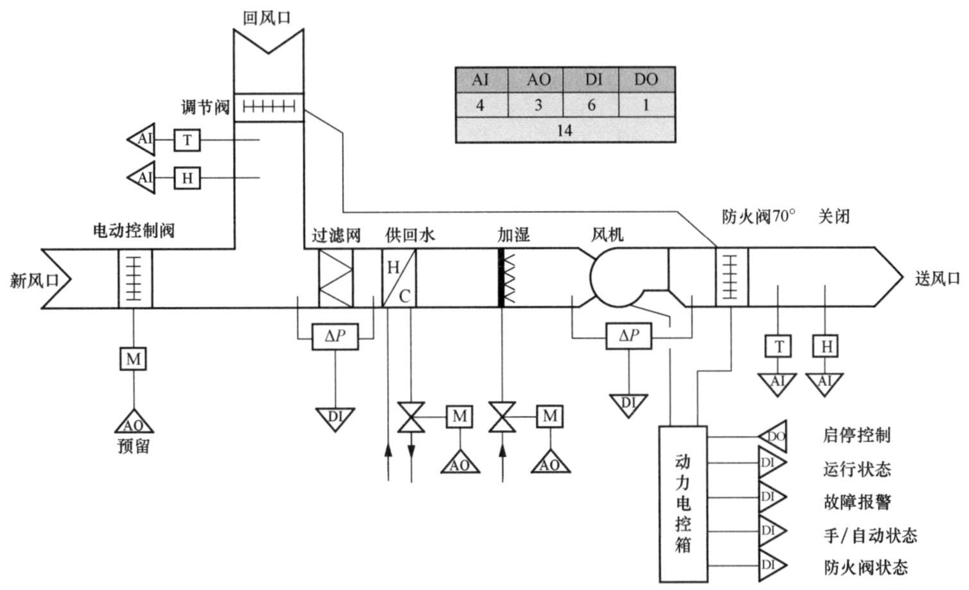

图 8-27 空调机组监控原理图

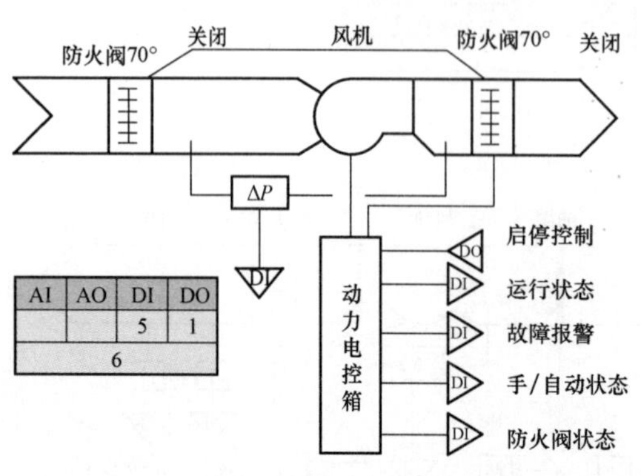

图 8-28　送排风事故风机监控原理图

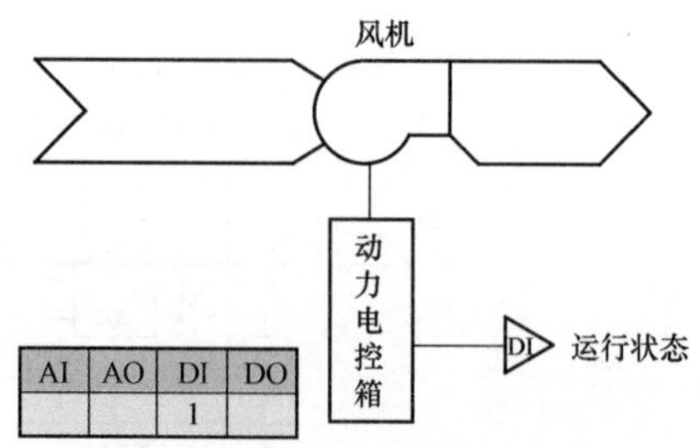

图 8-29　排烟风机监控原理图

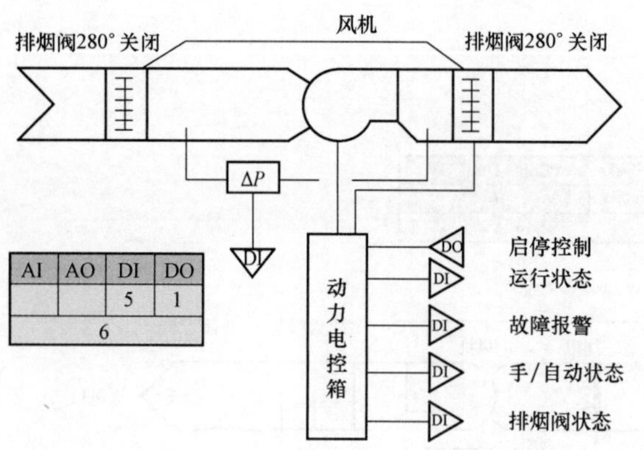

图 8-30　排风兼排烟风机监控原理图

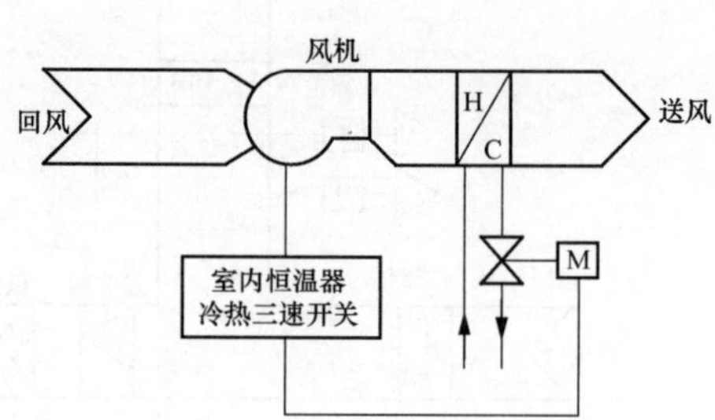

图 8-31　风机盘管监控原理图

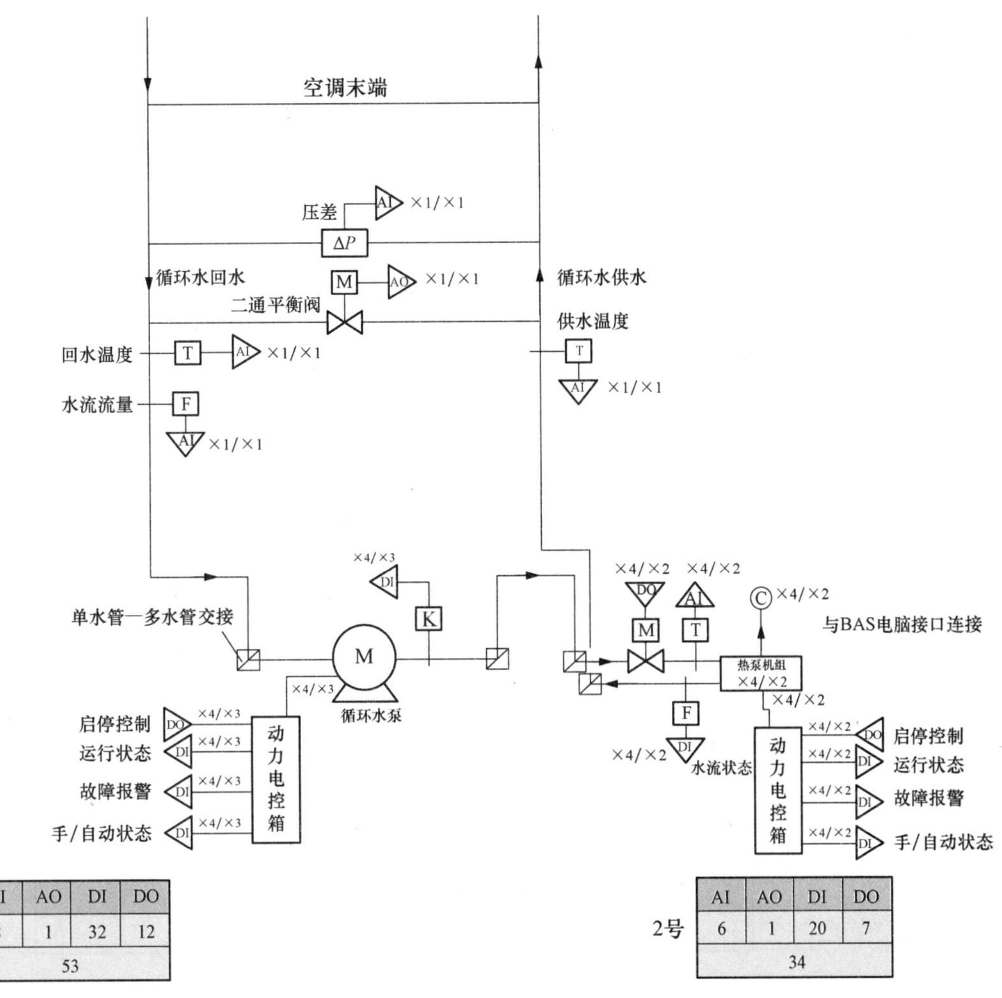

图 8-32　热泵系统监控原理图

序号	图例	说明	序号	图例	说明
1	T	温度传感器	8	P	压力传感器
2	H	湿度传感器	9	M	电动机
3	F	流量传感器	10	⋈	二通阀、蝶阀
4	L	液位传感器	11	AI	模拟量输入
5	K	水流传感器	12	DI	数字量输入
6	ΔP	压差传感器	13	DO	数字量输出
7	C	BAS八针接头			

n路走道照明

照明电控箱

DO ×n 启停控制

DI ×n 运行状态

DI 手/自动状态

AI	AO	DI	DO
		n+1	n
2n+1			

图 8-33　照明监控原理图

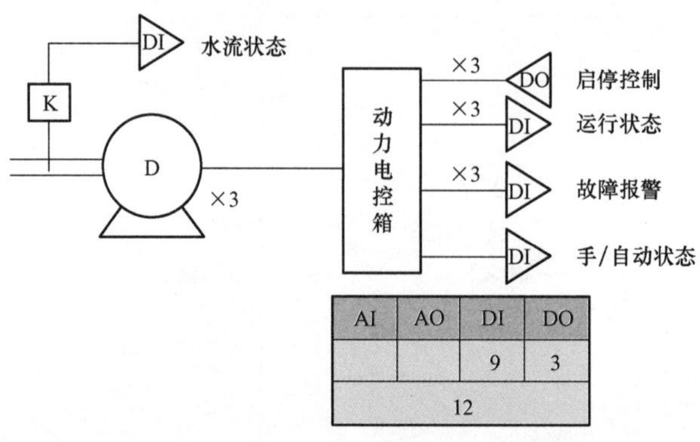

AI	AO	DI	DO
		9	3
12			

图 8-34　生活水泵监控原理图（二用一备）

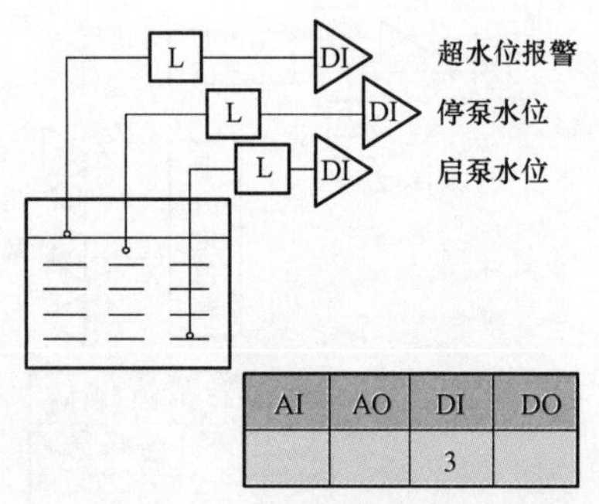

AI	AO	DI	DO
		3	

图 8-35　机房层水箱监控原理图

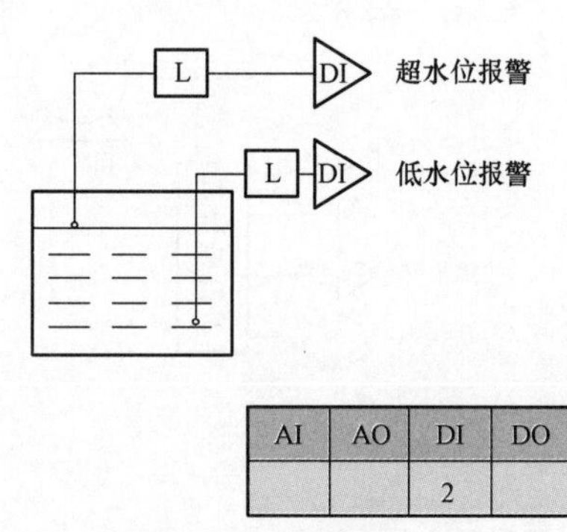

AI	AO	DI	DO
		2	

图 8-36　水箱监控原理图

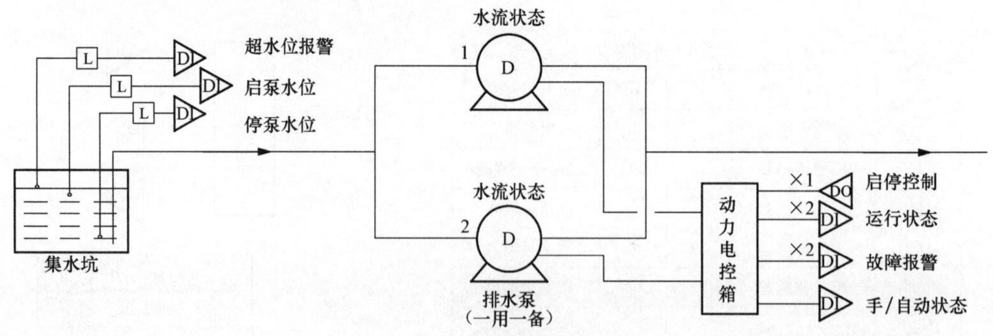

图 8-37　排水系统监控原理图

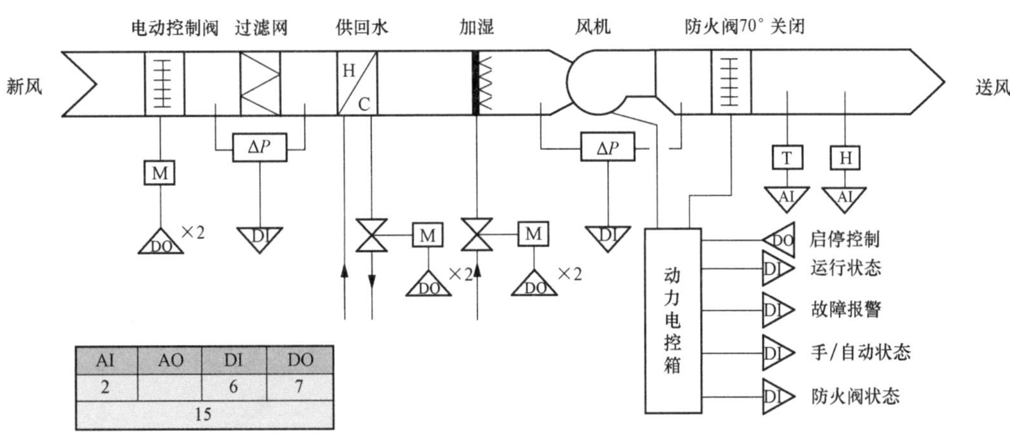

图 8-38 新风机组监控原理图

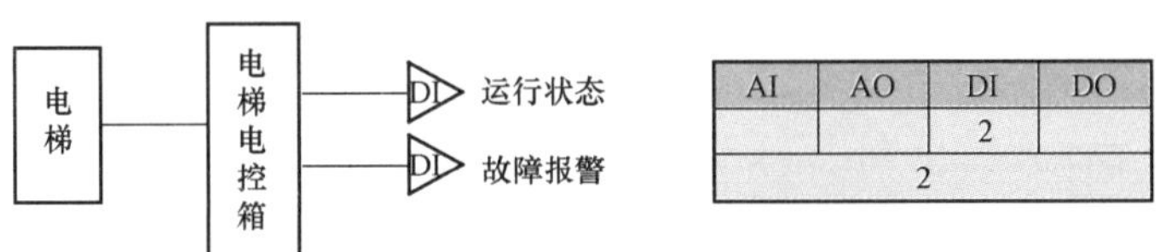

图 8-39 电梯监控原理图

序号	图例	说明
1	T	温度传感器
2	H	湿度传感器
3	P	压力传感器
4	ΔP	压差传感器
5	F	流量计
6	A	风速开关
7	L	液位计
8	K	水流开关
9	M	电动蝶阀
10	F	电磁阀
11	AI▷	模拟量输入
12	DI▷	数字量输入
13	AO▷	模拟量输出
14	DO▷	数字量输出
15	⋈	二通阀

普通照明
泛光照明
广告照明

照明电控箱

DO 启停控制
DI 运行状态
DI 手/自动状态

AI	AO	DI	DO
		2	1
3			

图 8-40 室内、外照明监控原理图

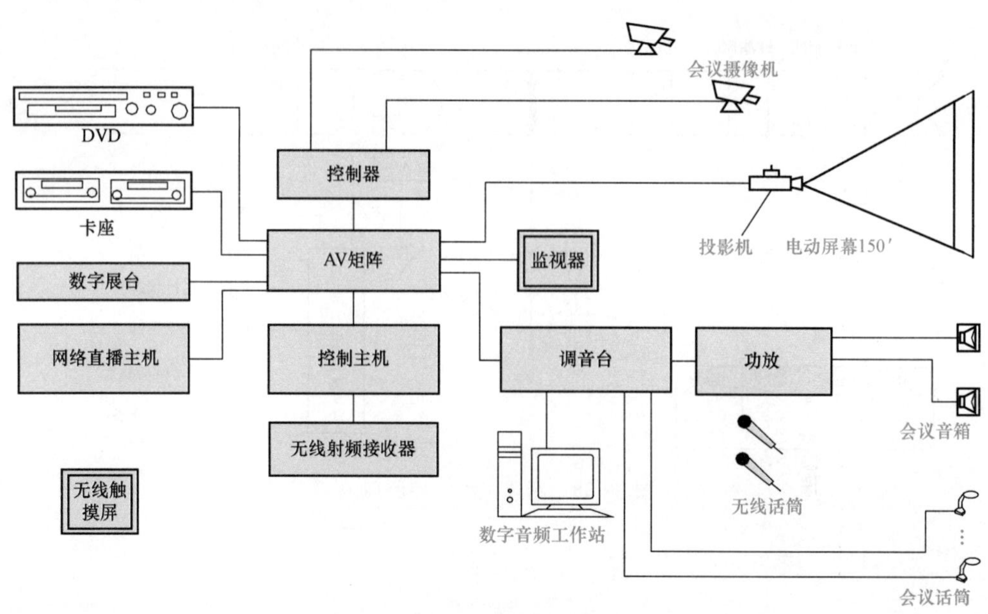

图 8-41　视频会议系统图

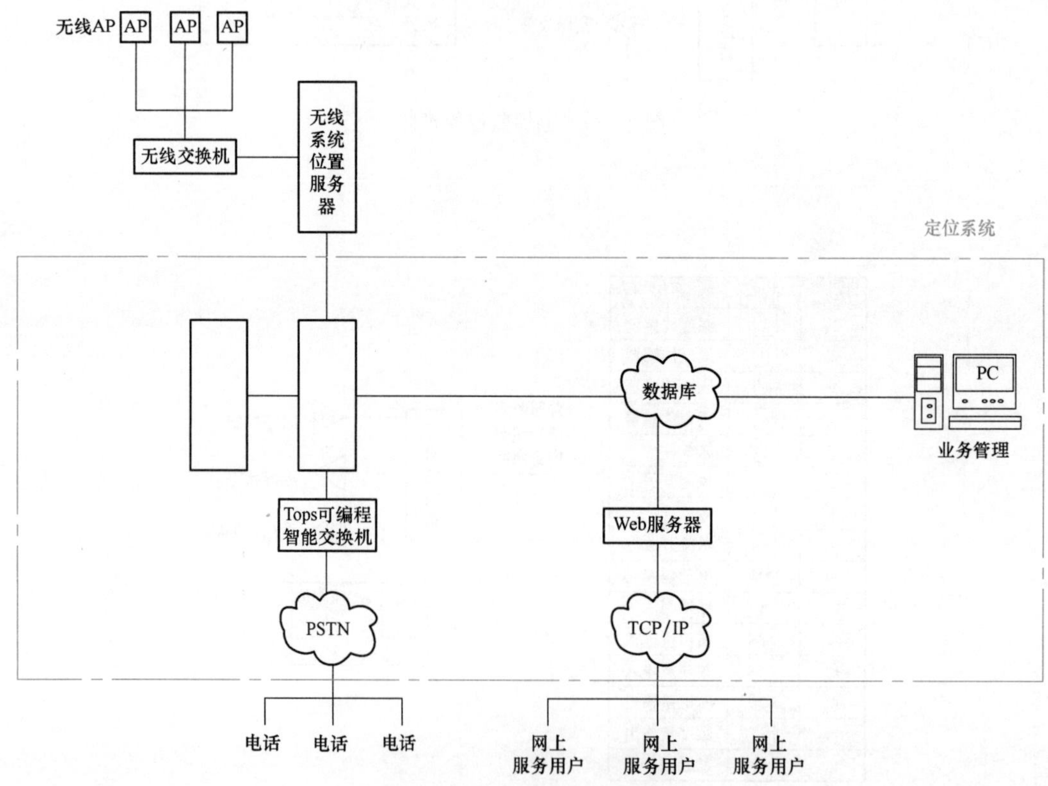

图 8-42　无线通信辅助系统

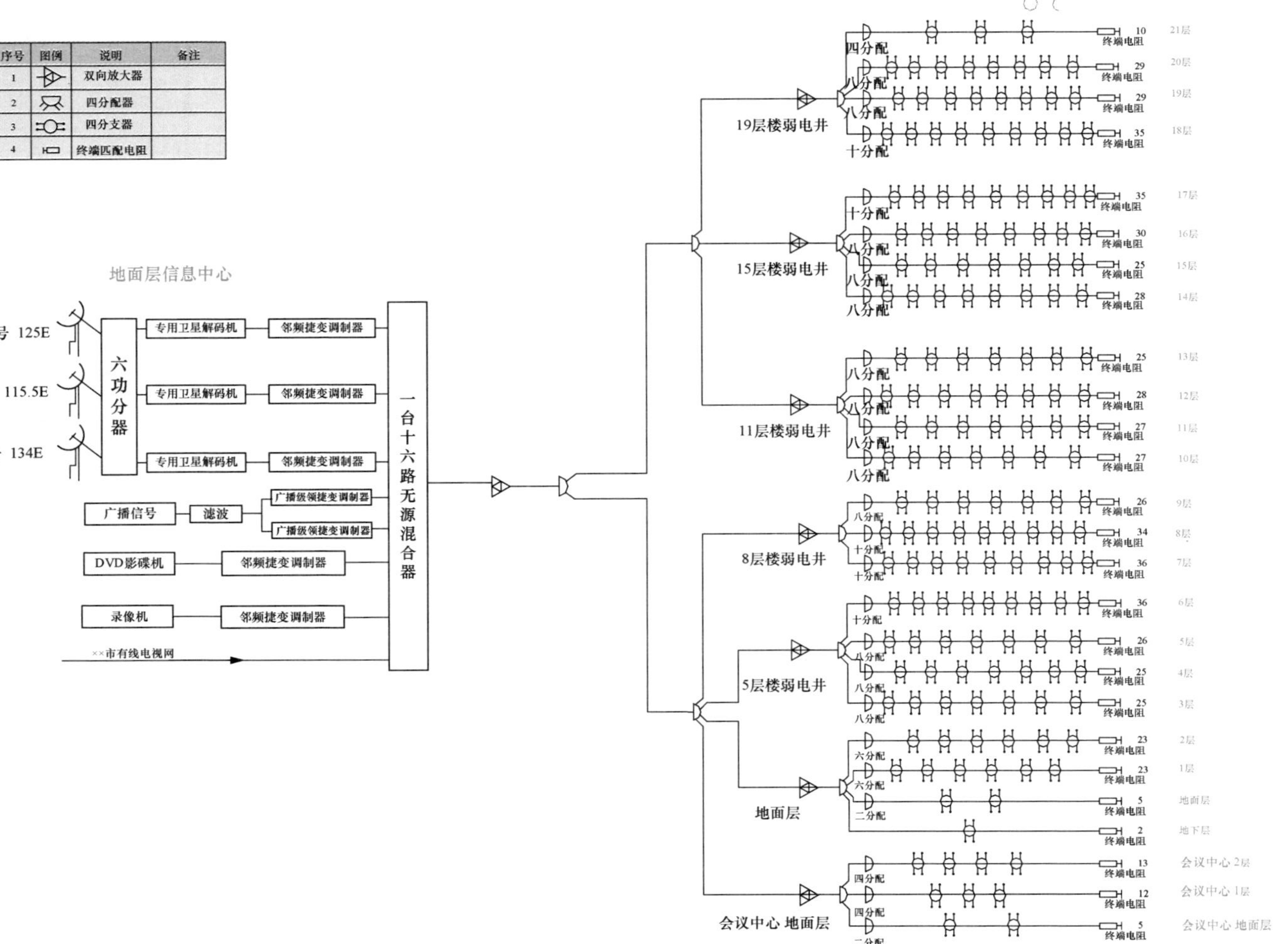

图8-43　卫星接收及有线电视系统

注：①本系统采用862MHz邻频传输；②有线电视终端面板到各层分支器选用的电缆为SYWV-75-5 4P；主干与各分支分配器间选用的电缆为SYWV-75-12 4P；③终端匹配电阻阻值为75Ω。

电缆)，穿热镀钢管 SC20 暗敷。用户出线口暗装，底边距地 0.3m 安装。

(4) 竖井内电视分配器箱底边距地 1.5m 明装。竖井以外的分支器设 300mm×200mm×100mm 线槽安装在吊顶上 50mm 处，吊顶应预留检修口，无吊顶处距顶板 300mm。

8.5.7 公共广播系统

本系统平时为背景音乐及事务广播，在火灾报警发生时自动切换为紧急广播。在地下层展示本次方案的广播平面图。地面层～21 层也按照每个扬声器相距 8～10m 的原则在大厅和走廊布置扬声器。

布线要求：系统采用总线方式，共有 28 个回路，即 28 个分区系统采用 RVS2×1.5 线缆，回路布置详见图 8-44 所示的公共广播及背景音乐系统图，所有扬声器串联，从每层的弱电引出至消防安保监控室。

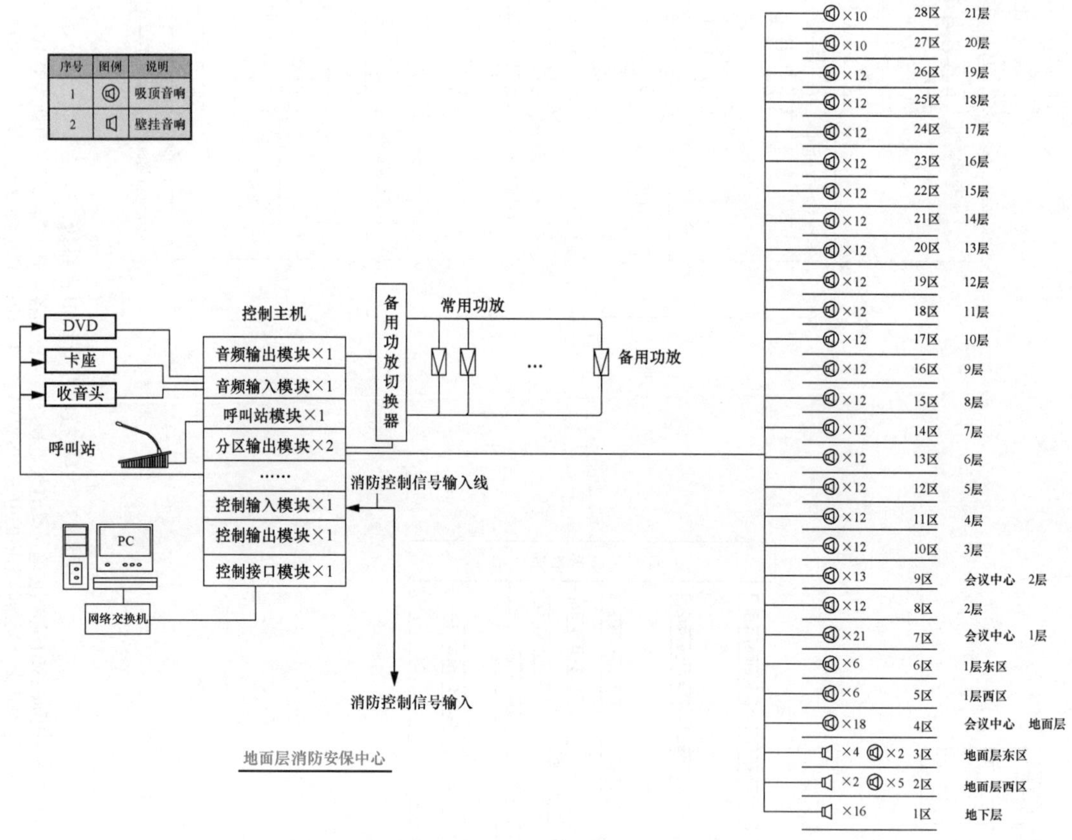

图 8-44 公共广播及背景音乐系统图

管线类型：主干音频线缆采用 RVS2×2.0 沿桥架敷设，水平线缆 RVS2×1.5 穿管 JDG16 沿水平桥架敷设，3～4 根线穿管 JDG20 敷设。

8.5.8 LED 大屏幕显示及触摸查询系统

电子公告牌、触摸屏查询终端的信号线路部分由结构化布线系统提供，一个屏布一个数据点，如图 8-45 所示。

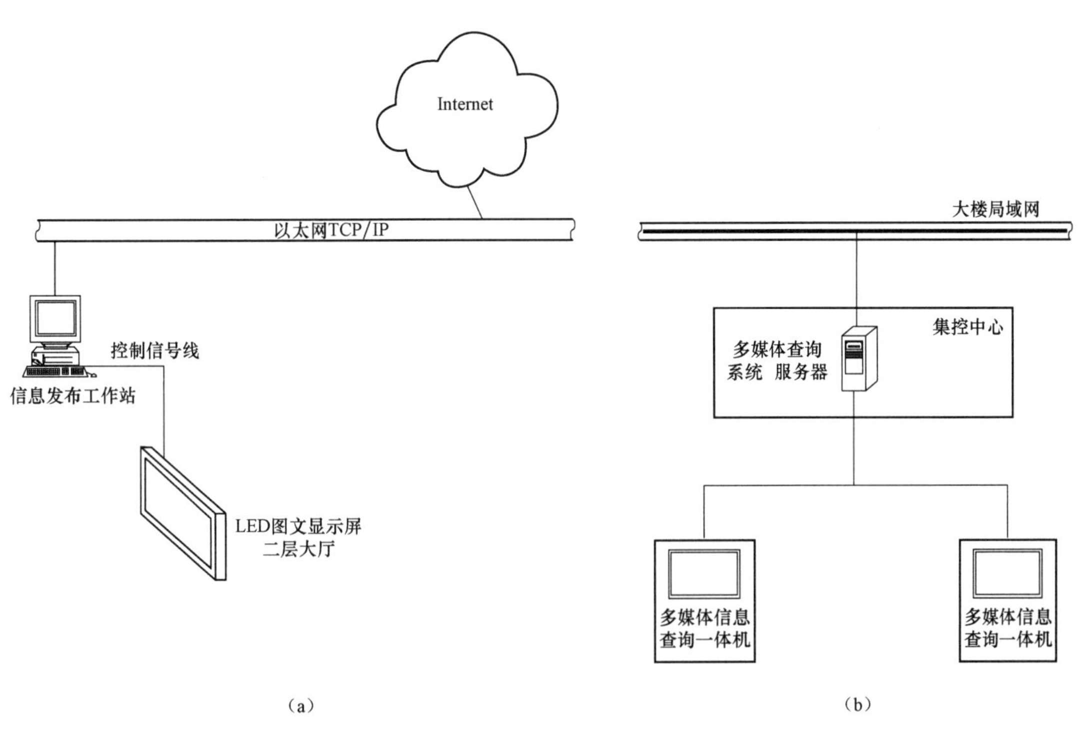

图 8-45 LED 大屏幕显示及触摸屏查询系统

(a) LED 大屏幕显示系统；(b) 触摸屏查询系统

附录A　弱电工程常用图形符号

建筑弱电工程中，闭路电视、有线电视、公共广播、消防、保安及防盗报警、门禁及对讲、楼宇设备自动化常用图形符号见表A-1～表A-7。

表A-1　　弱电常用图形符号——闭路电视

序号	标准类型	名称	图形符号	备　注
1	GB/T、IEC	电视摄像机		
2	GB/T、IEC	带云台的电视摄像机		
3	GB/T、IEC	球形摄像机	R	
4	GB/T、IEC	带云台的球形摄像机	R	
5	GB/T、IEC	有室外防护罩的电视摄像机	OH	
6	GB/T、IEC	有室外防护罩的带云台的摄像机	OH	
7	GB/T、IEC	彩色电视摄像机		
8	GB/T、IEC	带云台的彩色电视摄像机		
9	GB/T、IEC	电视监视器		
10	GB/T、IEC	彩色电视监视器		
11	GB/T、IEC	带式录像机		
12	GY/T	解码器	DEC	
13	GA/T	视频顺序切换器（X代表输入位数，Y代表输出位数）	Y SV … X …	
14	GA/T	图像分割器（X代表画面数）	(X)	
15	GA/T	视频分配器（X代表输入位数，Y代表输出位数）	… Y … SV X	

续表

序号	标准类型	名称	图形符号	备　注
16	GB/T、IEC	彩色电视接收机		
17	GY/T	监视立柜	MR	
18	GY/T	监视墙屏	MS	
19	GB/T、IEC	混合网络	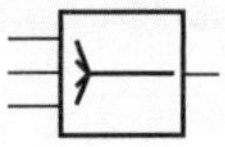	
20		有源混合器（五路输入）	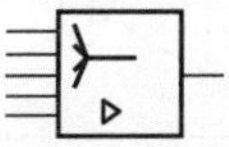	

表 A-2　　弱电常用图形符号——有线电视

序号	标准类型	名称	图形符号	备　注
1	GB/T、IEC	天线一般符号		
2	GB/T、IEC	带矩形波导馈线的抛物面天线		
3	GB/T、IEC	前端		有当地天线引入的前端，示出一个馈线支路，馈线支路可以从圆的任何点画出
4	GB/T、IEC	前端	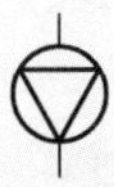	无当地天线引入的前端，示出一个输入和一个输出通路
5	GB/T、IEC	放大器一般符号 终端器一般符号	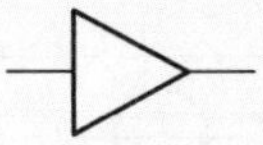	
6	GB	具有反向通路的放大器	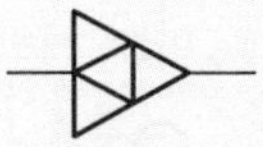	
7		带自动增益和/或自动斜率控制的放大器	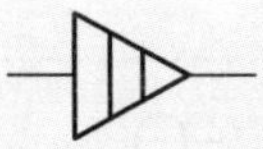	
8		具有反向通路并带自动增益和/或自动斜率控制的放大器	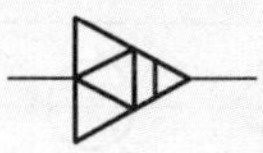	

续表

序号	标准类型	名称	图形符号	备　注
9	GB	桥接放大器（示出三路支线或分支线输出）		其中标有小圆点的一端输出电平较高。符号中支线或分支线可按任意适当角度画出
10	GB	干线桥接放大器（示出三路支线输出）		
11		线路（支线或分支线）末端放大器（示出两路分支线输出）		
12		干线分配放大器（示出两路干线输出）		
13	GB/T、IEC	混合网络		
14		有源混合器（示出五路输入）		
15		分波器（示出五路输出）		
16	GB/T、IEC	二路分配器		
17	GB	三路分配器		
18		四路分配器		
19	GB	定向耦合器		
20	GB/T、IEC	信号分支一般符号		
21	GB/T、IEC	用户分支器示出一路分支		
22		用户二分支器		

续表

序号	标准类型	名称	图形符号	备　　注
23		用户四分支器		
24	GB/T、IEC	系统出线端		
25		串接式系统输出口		
26		具有一路外接输出地串接式系统输出口		
27	GB/T、IEC	均衡器		
28	GB/T、IEC	可变均衡器		
29	GB/T、IEC	固定衰减器	A	
30	GB/T、IEC	可变衰减器	A	
31	GB	高通滤波器		
32	GB	低速滤波器		
33	GB	带通滤波器		
34	GB	带阻滤波器		
35		陷波器	N	
36	GB/T、IEC	调节器、解调器或鉴别器一般符号		

续表

序号	标准类型	名称	图形符号	备　注
37	GB/T、IEC	调制器		
38	GB/T、IEC	解调器		
39	GB/T、IEC	调制解调器		
40		变频器，频率由 f_1 变到 f_2，f_1 和 f_2 可用输入和输出频率数值代替	f_1 f_2	
41		匹配终端		
42		彩色电视接收机		
43		视盘放像机		
44		卫星电视接收机	S	
45		正弦信号发生器	G ~ *	星号“*”可用具体频率值代替
46		线路供电器（示出交流型）	~	
47		供电阻断器（示在一条分配馈线上）		
48		线路电源接入点		
49		有线电视接收天线		

续表

序号	标准类型	名称	图形符号	备　　注
50		高频避雷器	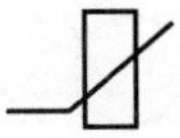	
51		视频通路（电视）	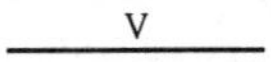 V	
52		光纤或光缆一般符号		
53		光发射机	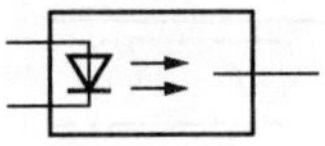	
54		光接收机	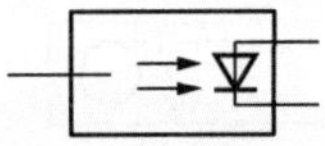	
55	GB	光电转换器	 O E	
56	GB	电光转换器	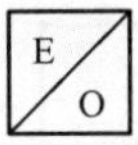 E O	
57		光连接器（插头—插座）	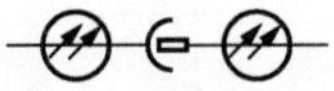	
58		光纤光路中的转换接点	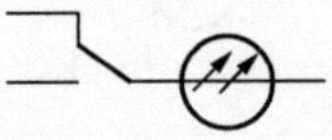	
59		光衰减器	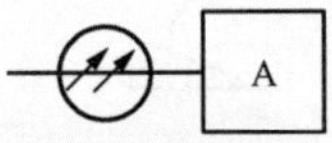 A	

表 A-3　　弱电常用图形符号——公共广播

序号	标准类型	名称	图形符号	备　　注
1	GB	天线		
2	GB/T、IEC	调谐器、无线电接收机		
3		调幅调频收音机	 AM/FM	

续表

序号	标准类型	名称	图形符号	备　　注
4	GB/T、IEC	放音机、唱机		
5	GB/T、IEC	带录音机		
6		双卡录放音机		
7		自动放音机	AT	
8		自动录音机	AR	
9		激光唱机		
10	GB/T、IEC	光盘式播放机		
11		传声器一般符号		
12		呼叫站		
13	GB/T、IEC		*	需指出放大器设备的种类时，在符号处就近画“*”，用下述字母替代标注： A—扩大机；PRA—前置放大器；AP—功率放大器
14			*	需要注明扬声器的形式时，在符号处就近画“*”，用下述字母替代标注： C—吸顶式安装型扬声器；R—嵌入式安装型扬声器；W—壁挂式安装型扬声器
15		吊顶内扬声器箱		

续表

序号	标准类型	名称	图形符号	备　注
16	GB/T、IEC	扬声器箱、音箱、声柱		
17	GY/T	高音号筒式扬声器		
18		客房床头控制柜		
19	GA/T	火灾警报扬声器		
20		音频变压器		
21	GY/T	电平控制器		
22		监听器		
23		分路广播控制盘	RS	
24		带火灾事故广播的分路广播控制盘	RFS	
25		火灾事故广播切换器	QT	
26		火灾事故广播联动控制信号源	FCS	
27		蓄电池组		
28		直流配电盘		
29		直流稳压电源	DCGV	
30		广播分线箱	B	

续表

序号	标准类型	名称	图形符号	备　　注
31		端子箱	XT	
32		端子板	1 2 3 4 5 6 7	
33		继电器线圈		
34		匹配电阻、匹配负载		
35		保安器		
36	GB/T、IEC	广播线路	B	
37		调频	FM	
38		调幅	AM	

表 A-4　　弱电常用图形符号——消防

序号	标准类型	名称	图形符号	备　　注
1	GB/T		*	需区分火灾报警装置时，在符号处就近画“＊”，用下述字母替代标注： C—集中型火灾报警控制器；Z—区域型火灾报警控制器；G—通用火灾报警控制器；S—可燃气体报警控制器；GE—气体灭火控制盘
2	GB/T、ISO	自动消防设备控制装置	AFE	
3	GB/T、ISO	消防联动控制装置	IC	
4	GB/T、ISO	缆式线型定温探测器	CT	

续表

序号	标准类型	名称	图形符号	备　注
5	GB/T、ISO	感温探测器		
6	GB/T、ISO	感温探测器（非地址码型）	N	
7	GB/T、ISO	感烟探测器		
8	GB/T、ISO	感烟探测器（非地址码型）	N	
9	GB/T、ISO	感烟探测器（防爆型）	EN	
10	GB/T、ISO	感光火灾探测器		
11	GB/T、ISO	气体火灾探测器（点式）		
12	GA/T	复合式感烟感温火灾探测器		
13	GA/T	复合式感光感烟火灾探测器		
14	GA/T	点型复合式感光感温火灾探测器		
15	GA/T	线型差定温火灾探测器		
16	ZBC、GA/T	线型光束感烟火灾探测器（发射部分）		

续表

序号	标准类型	名称	图形符号	备　注
17	ZBC、GA/T	线型光束感烟火灾探测器（接收部分）	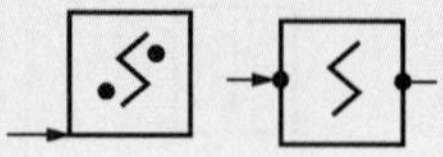	
18	GA/T	线型光束感烟感温火灾探测器（发射部分）	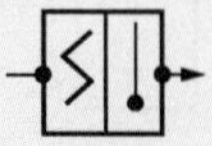	
19	GA/T	线型光束感烟感温火灾探测器（接收部分）	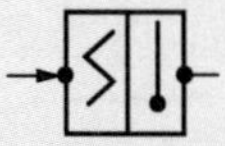	
20	GA/T	线型可燃气体探测器	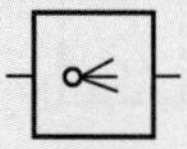	
21	GB/T	手动火灾报警按钮		
22	GA/T	消火栓启泵按钮		
23	GB/T、ISO	火灾报警电话机（对讲电话机）		
24	ZBC、GB/T	火灾电话插孔（对讲电话插孔）	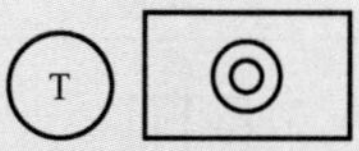 T	
25	GB/T、ISO	带手动报警按钮的火灾电话插孔		
26	GB/T、ISO	火警电铃		
27	GB/T、ISO	警报发声器		
28	GA/T	火灾光警报器		
29	GA/T	火灾声、光警报器		
30	GA/T	火灾警报扬声器		

续表

序号	标准类型	名称	图形符号	备　　注
31	GA/T	水流指示器	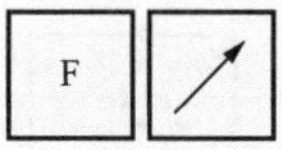 F	
32	GB/T、ISO	压力开关	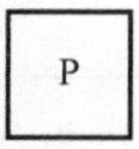 P	
33	GB/T、ISO	带监视信号的检修阀		
34		报警阀	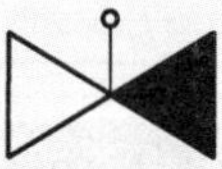	
35		防火阀（需表示风管的平面图用）	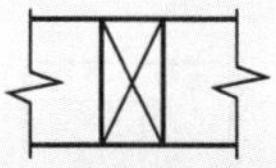	
36		防火阀（70℃熔断关闭）		
37		防烟防火阀（24V控制，70℃熔断关闭）	 E	
38		防火阀（280℃熔断关闭）	 280	
39		防烟防火阀（24V控制，280℃熔断关闭）	 280E	
40		排烟防火阀		
41		增压送风口	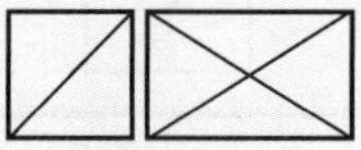	
42		排烟口	 SE	
43	GB/T、ISO	应急疏散指示标志灯	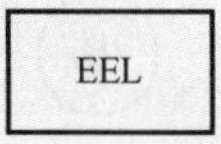 EEL	
44	GB/T、ISO	应急疏散指示标志灯（向右）	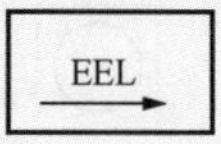 EEL	

续表

序号	标准类型	名称	图形符号	备　　注
45	GB/T、ISO	应急疏散指示标志灯（向左）	EEL ←	
46	GB/T、ISO	应急疏散照明灯	EL	
47		消火栓		
48		配电箱（切断非消防电源用）		
49		电控箱（电梯迫降）	LT	
50		电控箱		
51		紧急启、停按钮		
52		启动钢瓶		
53		放气指示灯		
54		排风扇	∞	
55		煤气管道阀门执行器	V	

表 A-5　　弱电常用图形符号——保安及防盗报警

序号	标准类型	名称	图形符号	备　　注
1		防盗探测器		
2		防盗报警控制器		

续表

序号	标准类型	名称	图形符号	备　注
3		超声波探测器	U	
4	GA/T	微波探测器	M	
5	GA/T	遮挡式微波探测器（Tx、Rx分别为发射、接收）	Tx M Rx	
6	GA/T	被动红外线探测器	IR	
7	GA/T	主动红外线探测器（Tx、Rx分别为发射、接收）	Tx IR Rx	
8	GA/T	被动红外/微波双鉴探测器	IR/M	
9	GA/T	玻璃破碎探测器	B	
10	GA/T	压敏探测器	P	
11		振动探测器	V	
12	GA/T	门磁开关		
13	GB/T、ISO	感温探测器		
14	GB/T、ISO	感烟探测器		
15	GB/T、ISO	气体火灾探测器（点式）		
16	GA/T	压力垫开关		
17	GA/T	紧急脚挑开关		

续表

序号	标准类型	名称	图形符号	备注
18	GA/T	紧急按钮开关		
19	GB/T	报警按钮		
20		出门按钮	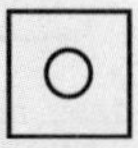	

表 A-6　　弱电常用图形符号——门禁及对讲

序号	标准类型	名称	图形符号	备注
1	GA/T	电控门锁	 EL	
2		电磁门锁	 ML	
3		变压器	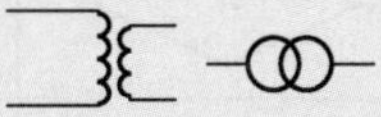	
4	GA/T	读卡机	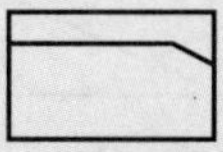	
5		非接触式读卡机	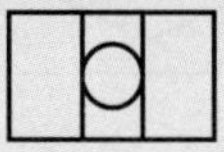	
6		指纹读入机	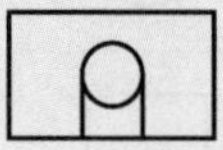	
7		报警警铃		
8		报警喇叭		
9		声光报警器		
10		报警闪灯		

续表

序号	标准类型	名称	图形符号	备　注
11	GA/T	保安巡逻打卡器		
12		保安控制器	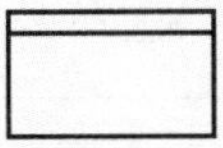	
13	GA/T	楼宇对讲电控防盗门主机	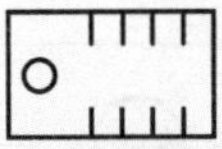	
14		可视电话机		
15		对讲电话分机		
16		对讲门口主机		
17	GA/T	可视对讲机		
18	GB/T、IEC	可视对讲户外机	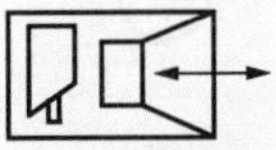	
19		层接线箱	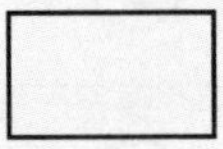	
20		彩色电视接收机		

表 A-7　　弱电常用图形符号——楼宇设备自动化

序号	标准类型	名称	图形符号	备　注
1	GBJ	温度传感器元件		
2	GBJ	湿度传感器元件		
3	GBJ	液位传感元件	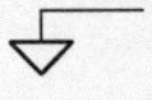	
4	GBJ	流量传感元件		

续表

序号	标准类型	名称	图形符号	备　注
5	GBJ	压力传感元件	↓▽	
6		流量测量元件（＊为位号）	(FE *)	
7		一氧化碳浓度测量元件（＊为位号）	(CO *)	
8		二氧化碳浓度测量元件（＊为位号）	(CO_2 *)	
9		温度变送器（＊为位号）	(TT *)	
10		湿度变送器（＊为位号）	(MT *)	
11		液位变送器（＊为位号）	(LT *)	
12		流量变送器（＊为位号）	(FT *)	
13		压力变送器（＊为位号）	(PT *)	
14		压差变送器（＊为位号）	(PdT *)	
15		位置变送器（＊为位号）	(ZT *)	
16		速率变送器（＊为位号）	(ST *)	
17		电流变送器（＊为位号）	(IT *)	
18		电压变送器（＊为位号）	(XT *)	
19		电能变送器（＊为位号）	(ET *)	

续表

序号	标准类型	名称	图形符号	备注
20		频率变送器（*为位号）	f *	
21		功率因数变送器（*为位号）	cosφ *	
22		有功功率变送器	J *	
23		无功功率变送器	Q	
24	IEC	有功电能表	Wh	
25	GB/T、IEC	水表	WM	
26	GB/T、IEC	燃气表	GM	
27		模拟/数字变换器	A/D	
28		数字/模拟变换器	D/A	
29	GB/T、IEC	计数器控制		
30	GB/T、IEC	流体控制		
31	GB/T、IEC	气流控制		
32	GB/T、IEC	相对湿度控制	$\%H_2O$	
33		液体流量开关	F S	
34		气体流量开关	AFS	

续表

序号	标准类型	名称	图形符号	备注
35		防冰开关	LT	
36	GB/T、IEC	电动阀	M	
37	GB	电磁阀	M	
38		电动三通阀	M	
39		电动蝶阀	M	
40		电动风门	M	
41	GBJ	空气过滤器		
42	GBJ	空气加热器	+	
43	GBJ	空气冷却器	−	
44	GBJ	风机盘管	±	
45	GB	窗式空调器		
46	GBJ	对开式多叶调节阀		
47	GBJ	电动对开多叶调节阀	M	
48	GBJ	三通阀		

续表

序号	标准类型	名称	图形符号	备　注
49	GBJ	四通阀		
50	GBJ	节流孔板		
51	GBJ	加湿器		
52		风机		
53		冷却塔		
54		冷水机组		
55		热交换器		
56		水泵		
57		电气配电、照明箱		
58	GB/T、IEC	直接数字控制器	DDC	
59	GB/T、IEC	建筑自动化控制器	BAC	
60	GB/T、IEC	数据传输线路	T	

附录B　常用电气图用图形符号

常用电气图用图形符号见表B-1。

表B-1　　常用电气图用图形符号

序号	符号名称	图形符号（新国标 GB/T 4728）	备　注
1	电 压 和 电 流		
1.1	直流电	== 例：2M==220/220V 注：电压可标注在符号右边，系统类型可标注在符号左边	=EIC
1.2	交流电	～ 例：～50Hz 380V 注：频率及电压应标注在符号右边，系统类型应标注在符号左边	=IEC
1.3	中性线	N	=IEC
1.4	中间线	M	=IEC
1.5	保护线	PE	=IEC
1.6	保护和中性共用线	PEN	=IEC
1.7	交流系统电源第一相	L1	
1.8	交流系统电源第二相	L2	
1.9	交流系统电源第三相	L3	
1.10	交流系统设备端第一相	U	
1.11	交流系统设备端第二相	V	
1.12	交流系统设备端第三相	W	
2	导线，电缆，母线及导线的连接		
2.1	导线，电线，电缆母线的一般符号		=IEC
2.2	一根导线		=IEC
2.3	多根导线	3根 n n根	
2.4	软导线　软电缆		
2.5	电缆终端头		
2.6	电缆中间接线盒		
2.7	电缆分支接线盒		
2.8	导线的电气连接	•	=IEC
2.9	端子	○	=IEC

续表

序号	符号名称	图形符号（新国标 GB/T 4728）	备　注
2.10	导线的连接		=IEC
3	连　接　器　件		
3.1	插头和插座	优先型 其他型	=IEC
3.2	连接片	接通 断开	=IEC
4	电阻器、电容器和电感器		
4.1	电阻器		=IEC
4.2	可变电阻器		=IEC
4.3	压敏电阻器	U	=IEC
4.4	滑线式电阻器		=IEC
4.5	电容器	优先型 其他型	=IEC
4.6	可变电容器	优先型 其他型	=IEC
4.7	极性电容器	+ 优先型 + 其他型	=IEC
4.8	电感器		=IEC
4.9	带铁芯（磁芯）的电感器		=IEC
5	电　　机		
5.1	电机的一般符号	* “*”号用字母代替： M—电动机；MS—同步电机；SM—伺服电机；G—发电机；GS—同步发电机；TG—测速发电机	=IEC
5.2	三相鼠笼异步电动机	M 3～	=IEC

续表

序号	符号名称	图形符号（新国标 GB/T 4728）	备　　注
5.3	三相线绕转子异步电动机		=IEC
5.4	串励直流电动机		=IEC
6	变压器　电抗器　互感器		
6.1	双绕组变压器或电压互感器		=IEC
6.2	三绕组变压器或电压互感器		=IEC
6.3	自耦变压器		=IEC
6.4	电抗器		=IEC
6.5	三相变压器星形—星形连接		=IEC
6.6	带有载分接开关的三相变压器星形—三角形连接		=IEC
6.7	电流互感器		=IEC
6.8	具有两个铁芯和两个二次绕组的电流互感器		=IEC
6.9	在一个铁芯上具有两个次级绕组的电流互感器		=IEC

续表

序号	符号名称	图形符号（新国标 GB/T 4728）	备　注
7	原电池或蓄电池		
7.1	原电池或蓄电池	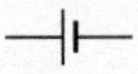	=IEC
7.2	带抽头的原电池或蓄电池组	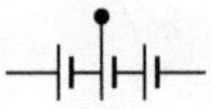	=IEC
8	触点（触头）		
8.1	动合（常开）触点	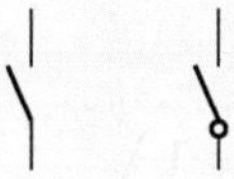	=IEC
8.2	动断（常闭）触点		=IEC
8.3	先断后合的转换触点	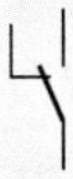	=IEC
8.4	当操作器件被吸合时延时闭合的动合触点	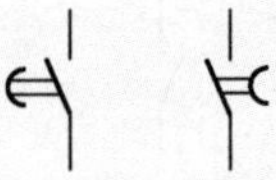	=IEC
8.5	当操作器件被释放时延时断开的动合触点	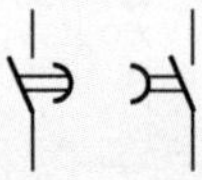	=IEC
8.6	当操作器件被释放时延时闭合的动断触点	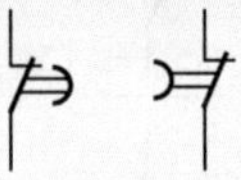	=IEC
8.7	当操作器件吸合时延时断开的动断触点	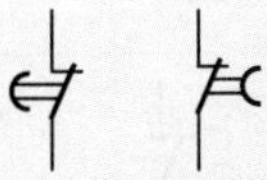	=IEC
9	开关和开关装置		
9.1	手动开关的一般符号		=IEC
9.2	按钮开关（不闭锁）（动合触点）	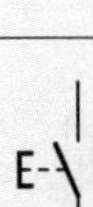	=IEC
9.3	按钮开关（不闭锁）（动断触点）	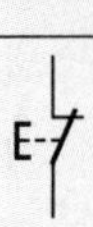	=IEC

续表

序号	符号名称	图形符号（新国标 GB/T 4728）	备　　注
9.4	按钮开关（闭锁）（动合触点）	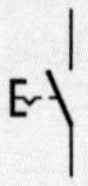	＝IEC
9.5	按钮开关（闭锁）（动断触点）	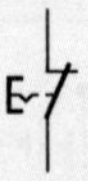	＝IEC
9.6	拉拔开关（不闭锁）	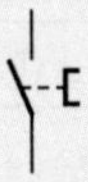	＝IEC
9.7	旋钮开关 旋转开关（闭锁）	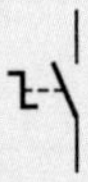	＝IEC
9.8	位置开关 限制开关（动合触点）		＝IEC
9.9	位置开关 限制开关（动断触点）		＝IEC
9.10	接触器（在非动作位置触点断开）	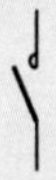	＝IEC
9.11	接触器（在非动作位置触点闭合）		＝IEC
9.12	断路器		＝IEC
9.13	低压断路器		＝IEC
9.14	隔离开关		＝IEC
9.15	负荷开关		＝IEC
10	保　护　器　件		
10.1	熔断器的一般符号		＝IEC
10.2	具有独立报警电路的熔断器	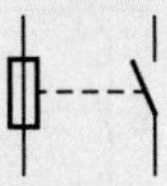	＝IEC

续表

序号	符号名称	图形符号（新国标 GB/T 4728）	备　注
10.3	熔断器式开关		=IEC
10.4	熔断器式隔离开关		=IEC
10.5	熔断器式负荷开关		=IEC
10.6	避雷器		=IEC
11	灯和信号器件		
11.1	灯的一般符号 信号灯的一般符号	灯的颜色：RD—红；YE—黄；GN—绿；BU—蓝；WH—白 灯的类型：Ne—钠；Hg—汞；IN—白炽；FL—荧光；IR—红外线；UV—紫外线	=IEC
11.2	闪光型信号灯		=IEC
11.3	电喇叭		=IEC
11.4	电铃		=IEC
11.5	电警笛　报警器		=IEC
11.6	电动汽笛	优先型　其他型	=IEC
11.7	蜂鸣器		=IEC
12	接　　地		
12.1	接地一般符号		=IEC
12.2	无噪声接地 （抗干扰接地）		=IEC

续表

序号	符号名称	图形符号（新国标 GB/T 4728）	备　　注
12.3	保护接地	⏚	＝IEC
12.4	接机壳或接底板	⊥	＝IEC

附录C 常用平面图用图形符号

常用平面图用图形符号见表C-1。

表C-1 常用平面图用图形符号

序号	符号名称	图形符号（新国标GB/T 4728）	备注
1	发电厂和变电所		
1.1	发电厂（站）	运行的 规划（设计）的	=IEC
1.2	热电站	运行的 规划（设计）的	
1.3	变电所，配电所	运行的 规划（设计）的	=IEC
1.4	水力发电站	运行的 规划（设计）的	=IEC
1.5	火力发电站	运行的 规划（设计）的	=IEC
1.6	核能发电站	运行的 规划（设计）的	=IEC
1.7	变电所 （示出改变电压）	运行的 规划（设计）的	
1.8	杆上变电站	运行的 规划（设计）的	
1.9	地下变电所	运行的 规划（设计）的	
2	线路及配线		
2.1	导线 电缆 线路 传输通道一般符号		

续表

序号	符号名称	图形符号（新国标 GB/T 4728）	备　注
2.2	地下线路		=IEC
2.3	水下（海底）线路		=IEC
2.4	架空线路		=IEC
2.5	管道线路	一般 6 孔管道	=IEC
2.6	母线的一般符号		
2.7	中性线		=IEC
2.8	保护线		=IEC
2.9	保护和中性共用线		=IEC
2.10	具有保护线和中性线的三相配线		=IEC
2.11	向上配线		=IEC
2.12	向下配线		=IEC
2.13	垂直通过配线		=IEC
3	配电、控制和用电设备		
3.1	屏、台、箱、柜一般符号		
3.2	动力或动力—照明配电箱		
3.3	信号板，信号箱（屏）		
3.4	照明配电箱（屏）		

续表

序号	符号名称	图形符号（新国标 GB/T 4728）	备　注
3.5	事故照明配电箱（屏）		
3.6	多种电源配电箱（屏）		
3.7	直流配电盘（屏）		
3.8	交流配电盘（屏）		
4	启动和控制设备		
4.1	启动器一般符号		
4.2	阀的一般符号		
4.3	电磁阀		
4.4	电动阀	M	
4.5	按钮的一般符号		
4.6	一般或保护型按钮盒	一个按钮　两个按钮	
4.7	密闭型按钮盒		
4.8	防爆型按钮盒		
4.9	带指示灯的按钮		
4.10	限制接近的按钮		
5	插座和开关		
5.1	单相插座		
5.2	暗装单相插座		

续表

序号	符号名称	图形符号（新国标 GB/T 4728）	备　注
5.3	密闭（防水）单相插座		
5.4	防爆单相插座		
5.5	带接地插孔的单相插座		＝IEC
5.6	带接地插孔的暗装单相插座		＝IEC
5.7	带接地插孔的密闭（防水）单相插座		＝IEC
5.8	带接地插孔的防爆单相插座		＝IEC
5.9	带接地插孔的三相插座		
5.10	带接地插孔的暗装三相插座		
5.11	带接地插孔的密闭（防水）三相插座		
5.12	带接地插孔的防爆三相插座		
5.13	插座箱（板）		
5.14	多个插座	n	＝IEC
5.15	具有护板的插座		＝IEC
5.16	具有单极开关的插座		＝IEC
5.17	具有联锁开关的插座		＝IEC

续表

序号	符号名称	图形符号（新国标 GB/T 4728）	备　注
5.18	具有隔离变压器的插座	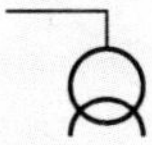	＝IEC
5.19	电信插座的一般符号 TP—电话　FM—调频 TX—电传　M—传声器 TV—电视	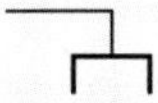	＝IEC
5.20	带熔断器的插座	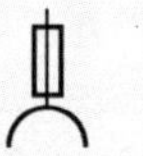	＝IEC
5.21	开关的一般符号		＝IEC
5.22	单极开关		
5.23	暗装单极开关		
5.24	密闭（防水）单极开关		
5.25	防爆单极开关		
5.26	双极开关		＝IEC
5.27	暗装双极开关		＝IEC
5.28	密闭（防水）双极开关		＝IEC
5.29	防爆双极开关		＝IEC
5.30	三极开关		
5.31	暗装三极开关		
5.32	密闭（防水）三极开关		
5.33	防爆三极开关		
5.34	单极拉线开关		＝IEC

续表

序号	符号名称	图形符号（新国标 GB/T 4728）	备　注
5.35	单极双控拉线开关		
5.36	单极限时开关	t	=IEC
5.37	双控开关（单极三线）		=IEC
5.38	具有指示灯的开关		=IEC
5.39	多拉开关		=IEC
6	照　明　灯　具		
6.1	灯或信号灯的一般符号		=IEC
6.2	投光灯一般符号		=IEC
6.3	聚光灯		=IEC
6.4	泛光灯		
6.5	示出配线的照明引出线位置		=IEC
6.6	在墙上引出照明线（示出配线向左边）		=IEC
6.7	荧光灯一般符号		=IEC
6.8	三管荧光灯		=IEC
6.9	五管荧光灯	5	=IEC
6.10	防爆荧光灯		
6.11	在专用电路上的事故照明灯		=IEC
6.12	自带电源的事故照明灯（应急灯）		=IEC
6.13	气体放电灯的辅助设备 注：用于辅助设备与光源不在一起时		=IEC

续表

序号	符号名称	图形符号（新国标 GB/T 4728）	备　　注
6.14	深照型灯		
6.15	广照型灯（配照型灯）		
6.16	防水防尘灯		
6.17	球形灯		
6.18	局部照明灯		
6.19	矿山灯		
6.20	安全灯		
6.21	隔爆灯		
6.22	天棚灯		
6.23	花灯		
6.24	弯灯		
6.25	壁灯		

参　考　文　献

[1]　杨绍胤. 智能建筑设计实例精选. 北京：中国电力出版社，2006.

[2]　王再英，等. 楼宇自动化系统原理与应用. 北京：电子工业出版社，2005.

[3]　张九根，丁玉林. 智能建筑工程设计. 北京：中国电力出版社，2007.

[4]　张少军. 网络通信与建筑智能化系统. 北京：中国电力工业出版社，2004.

[5]　刘国林. 智能建筑标准实施手册. 北京：中国建筑工业出版社，2000.

[6]　余明辉，贺平，等. 综合布线技术与工程. 北京：高等教育出版社，2004.

[7]　陈龙. 安全防范系统工程. 北京：清华大学出版社，1999.

[8]　陈一材. 楼宇安全系统设计手册. 北京：中国计划出版社，2000.

[9]　梁延东. 建筑消防系统. 北京：中国建筑工业出版社，1997.

[10]　叶选，丁玉林. 电缆电视系统. 北京：中国建筑工业出版社，1997.

[11]　朱林根. 21 世纪建筑电气设计手册. 北京：中国建筑工业出版社，2003.

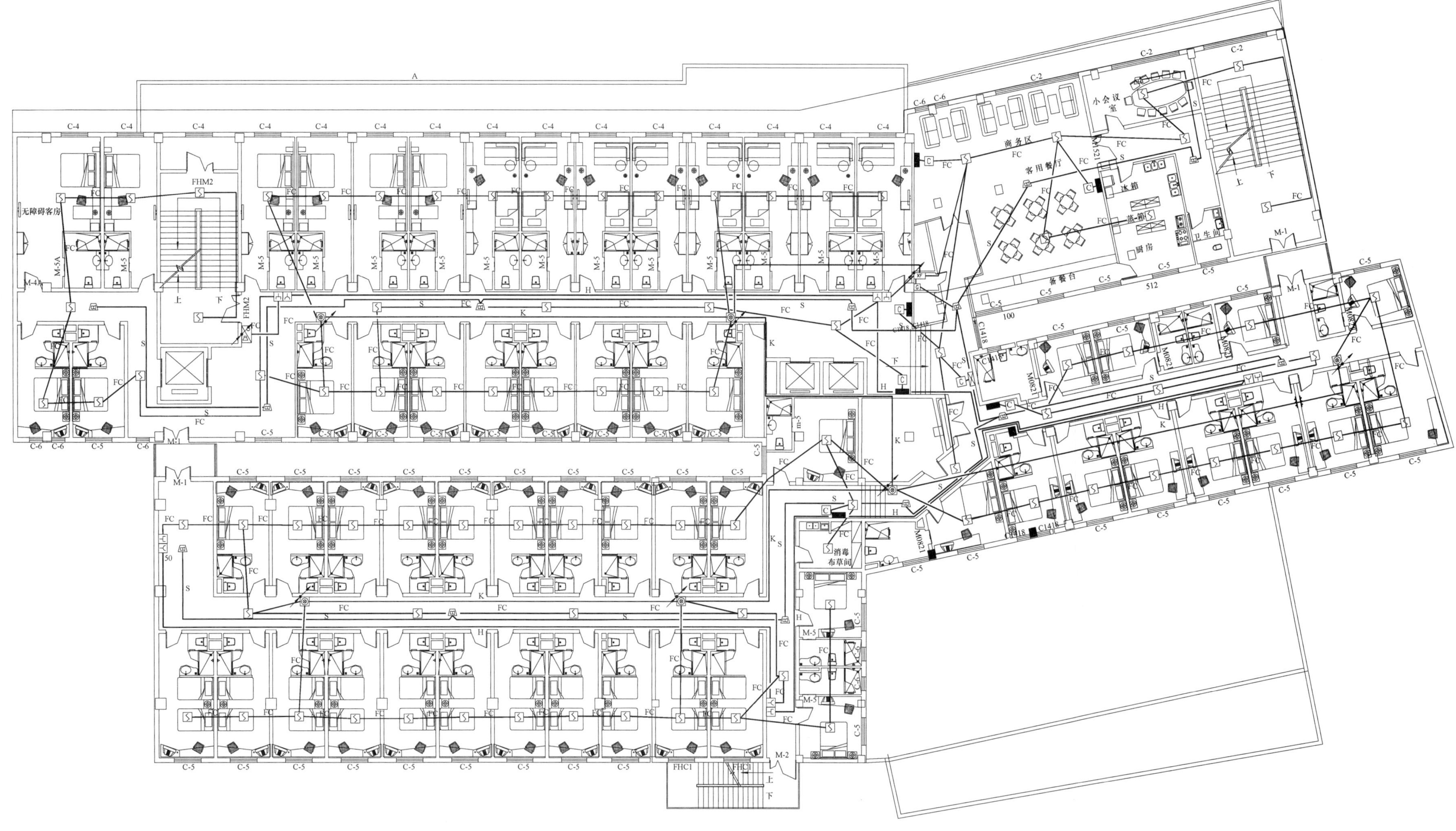

图 2-21　2 层消防系统图

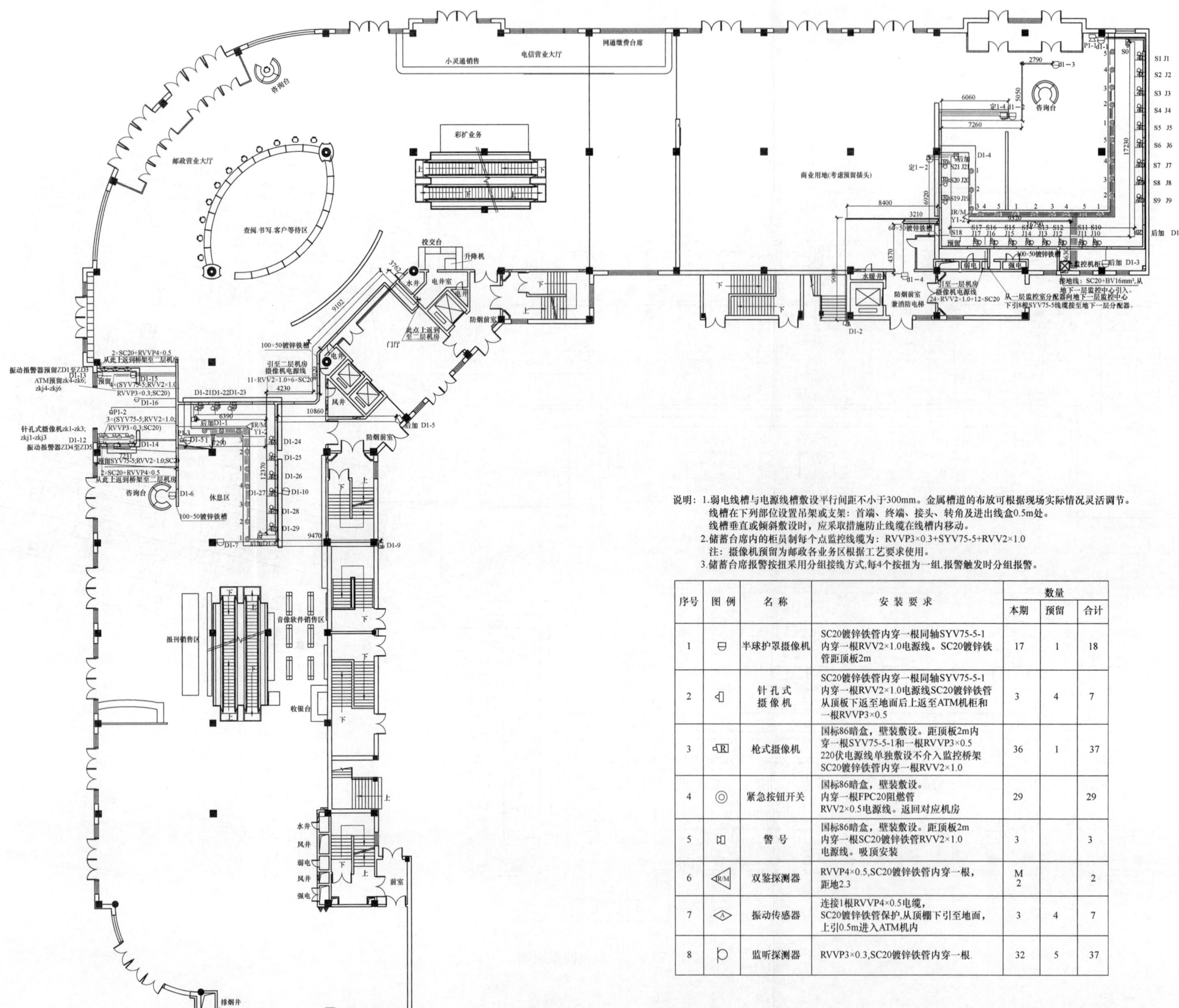

说明：1.弱电线槽与电源线槽敷设平行间距不小于300mm。金属槽道的布放可根据现场实际情况灵活调节。
线槽在下列部位设置吊架或支架：首端、终端、接头、转角及进出线盒0.5m处。
线槽垂直或倾斜敷设时，应采取措施防止线缆在线槽内移动。
2.储蓄台席内的柜员制每个点监控线缆为：RVVP3×0.3+SYV75-5+RVV2×1.0
注：摄像机预留为邮政各业务区根据工艺要求使用。
3.储蓄台席报警按扭采用分组接线方式,每4个按扭为一组,报警触发时分组报警。

序号	图例	名称	安装要求	数量		
				本期	预留	合计
1	⊖	半球护罩摄像机	SC20镀锌铁管内穿一根同轴SYV75-5-1内穿一根RVV2×1.0电源线。SC20镀锌铁管距顶板2m	17	1	18
2	◁▯	针孔式摄像机	SC20镀锌铁管内穿一根同轴SYV75-5-1内穿一根RVV2×1.0电源线SC20镀锌铁管从顶板下返至地面后上返至ATM机柜和一根RVVP3×0.5	3	4	7
3	◁R	枪式摄像机	国标86暗盒，壁装敷设。距顶板2m内穿一根SYV75-5-1和一根RVVP3×0.5 220伏电源线单独敷设不介入监控桥架SC20镀锌铁管内穿一根RVV2×1.0	36	1	37
4	◎	紧急按钮开关	国标86暗盒，壁装敷设。内穿一根FPC20阻燃管RVV2×0.5电源线。返回对应机房	29		29
5	⧓	警号	国标86暗盒，壁装敷设。距顶板2m内穿一根SC20镀锌铁管RVV2×1.0电源线。吸顶安装	3		3
6	◁R/M	双鉴探测器	RVVP4×0.5,SC20镀锌铁管内穿一根，距地2.3	M 2		2
7	◇A	振动传感器	连接1根RVVP4×0.5电缆，SC20镀锌铁管保护,从顶棚下引至地面，上引0.5m进入ATM机内	3	4	7
8	⌽	监听探测器	RVVP3×0.3,SC20镀锌铁管内穿一根.	32	5	37

图3-10 某营业厅1层营业监控系统平面图

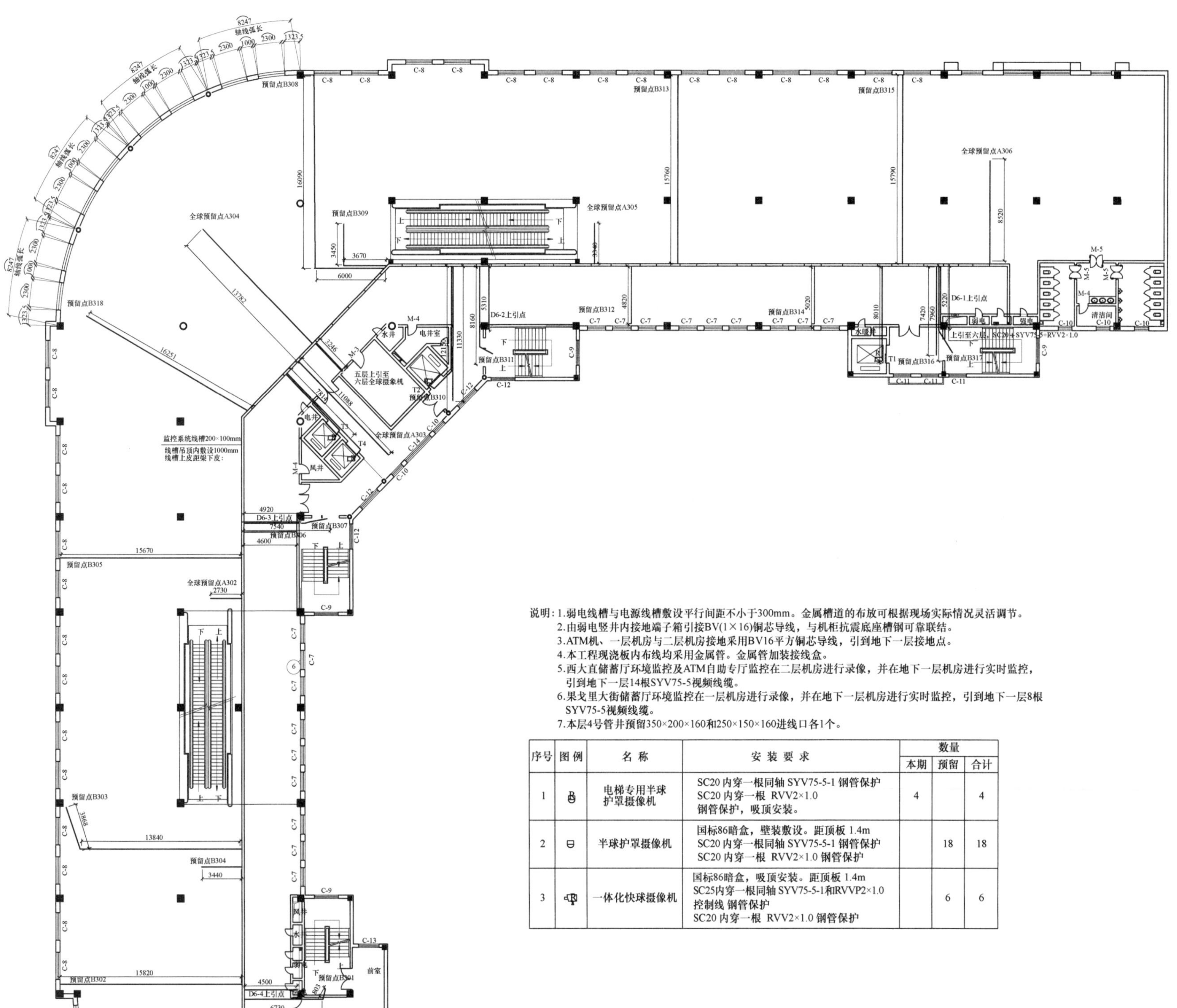

说明：1.弱电线槽与电源线槽敷设平行间距不小于300mm。金属槽道的布放可根据现场实际情况灵活调节。
2.由弱电竖井内接地端子箱引接BV(1×16)铜芯导线，与机柜抗震底座槽钢可靠联结。
3.ATM机、一层机房与二层机房接地采用BV16平方铜芯导线，引到地下一层接地点。
4.本工程现浇板内布线均采用金属管。金属管加装接线盒。
5.西大直储蓄厅环境监控及ATM自助专厅监控在二层机房进行录像，并在地下一层机房进行实时监控，引到地下一层14根SYV75-5视频线缆。
6.果戈里大街储蓄厅环境监控在一层机房进行录像，并在地下一层机房进行实时监控，引到地下一层8根SYV75-5视频线缆。
7.本层4号管井预留350×200×160和250×150×160进线口各1个。

序号	图例	名称	安装要求	数量		
				本期	预留	合计
1		电梯专用半球护罩摄像机	SC20内穿一根同轴SYV75-5-1钢管保护 SC20内穿一根 RVV2×1.0 钢管保护，吸顶安装。	4		4
2		半球护罩摄像机	国标86暗盒，壁装敷设。距顶板1.4m SC20内穿一根同轴SYV75-5-1钢管保护 SC20内穿一根 RVV2×1.0钢管保护		18	18
3		一体化快球摄像机	国标86暗盒，吸顶安装。距顶板1.4m SC25内穿一根同轴SYV75-5-1和RVVP2×1.0控制线 钢管保护 SC20内穿一根 RVV2×1.0钢管保护		6	6

图3-12　某营业厅保安监控系统2～5层监控平面图

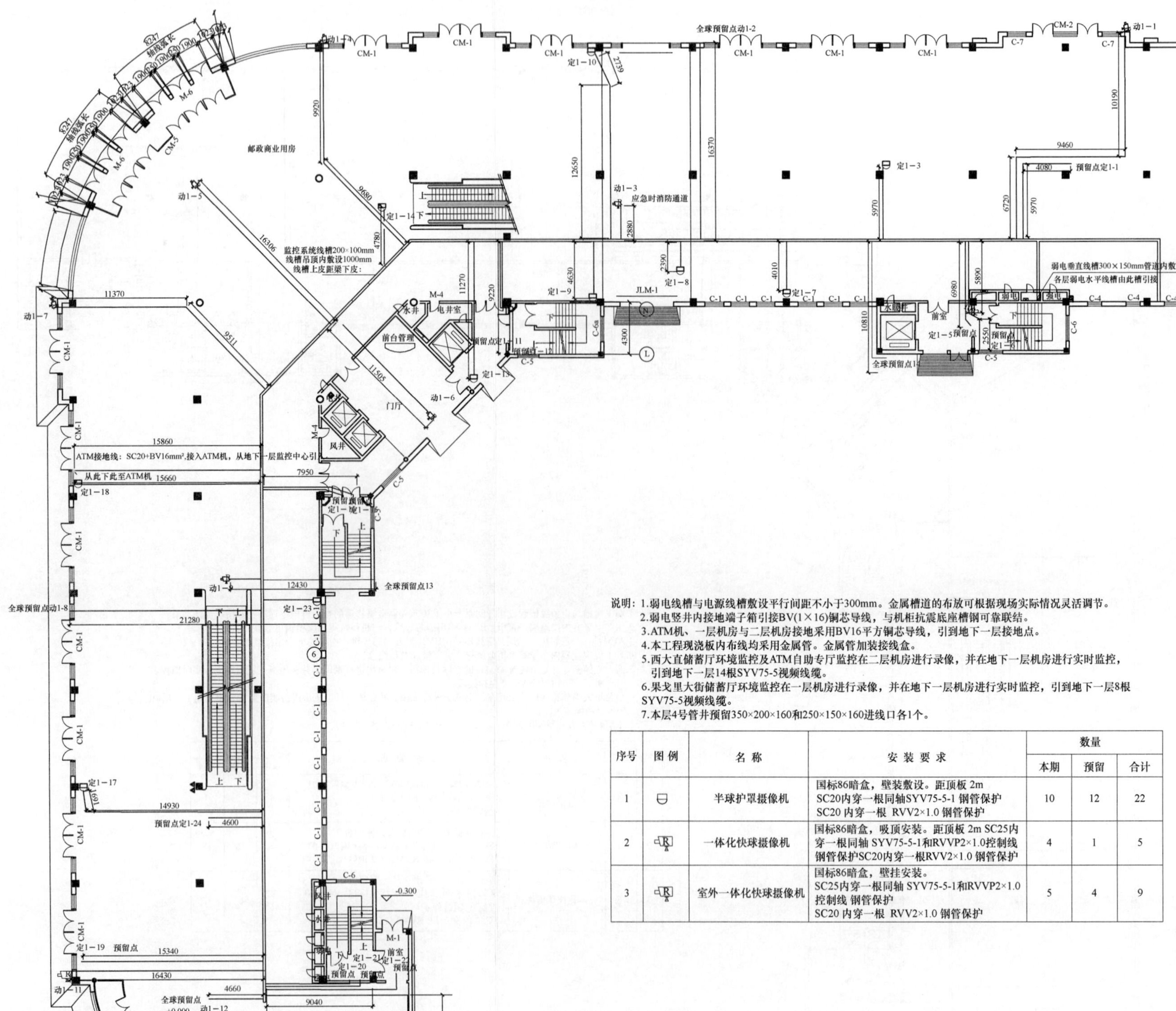

说明：1.弱电线槽与电源线槽敷设平行间距不小于300mm。金属槽道的布放可根据现场实际情况灵活调节。
2.弱电竖井内接地端子箱引接BV(1×16)铜芯导线，与机柜抗震底座槽钢可靠联结。
3.ATM机、一层机房与二层机房接地采用BV16平方铜芯导线，引到地下一层接地点。
4.本工程现浇板内布线均采用金属管。金属管加装接线盒。
5.西大直储蓄厅环境监控及ATM自助专厅监控在二层机房进行录像，并在地下一层机房进行实时监控，引到地下一层14根SYV75-5视频线缆。
6.果戈里大街储蓄厅环境监控在一层机房进行录像，并在地下一层机房进行实时监控，引到地下一层8根SYV75-5视频线缆。
7.本层4号管井预留350×200×160和250×150×160进线口各1个。

序号	图例	名称	安装要求	数量		
				本期	预留	合计
1	⊖	半球护罩摄像机	国标86暗盒，壁装敷设。距顶板 2m SC20内穿一根同轴SYV75-5-1 钢管保护 SC20 内穿一根 RVV2×1.0 钢管保护	10	12	22
2	R	一体化快球摄像机	国标86暗盒，吸顶安装。距顶板 2m SC25内穿一根同轴 SYV75-5-1和RVVP2×1.0控制线 钢管保护SC20内穿一根RVV2×1.0 钢管保护	4	1	5
3	R	室外一体化快球摄像机	国标86暗盒，壁挂安装。SC25内穿一根同轴 SYV75-5-1和RVVP2×1.0 控制线 钢管保护 SC20 内穿一根 RVV2×1.0 钢管保护	5	4	9

图 3-11 某营业厅保安监控系统 1 层监控平面图

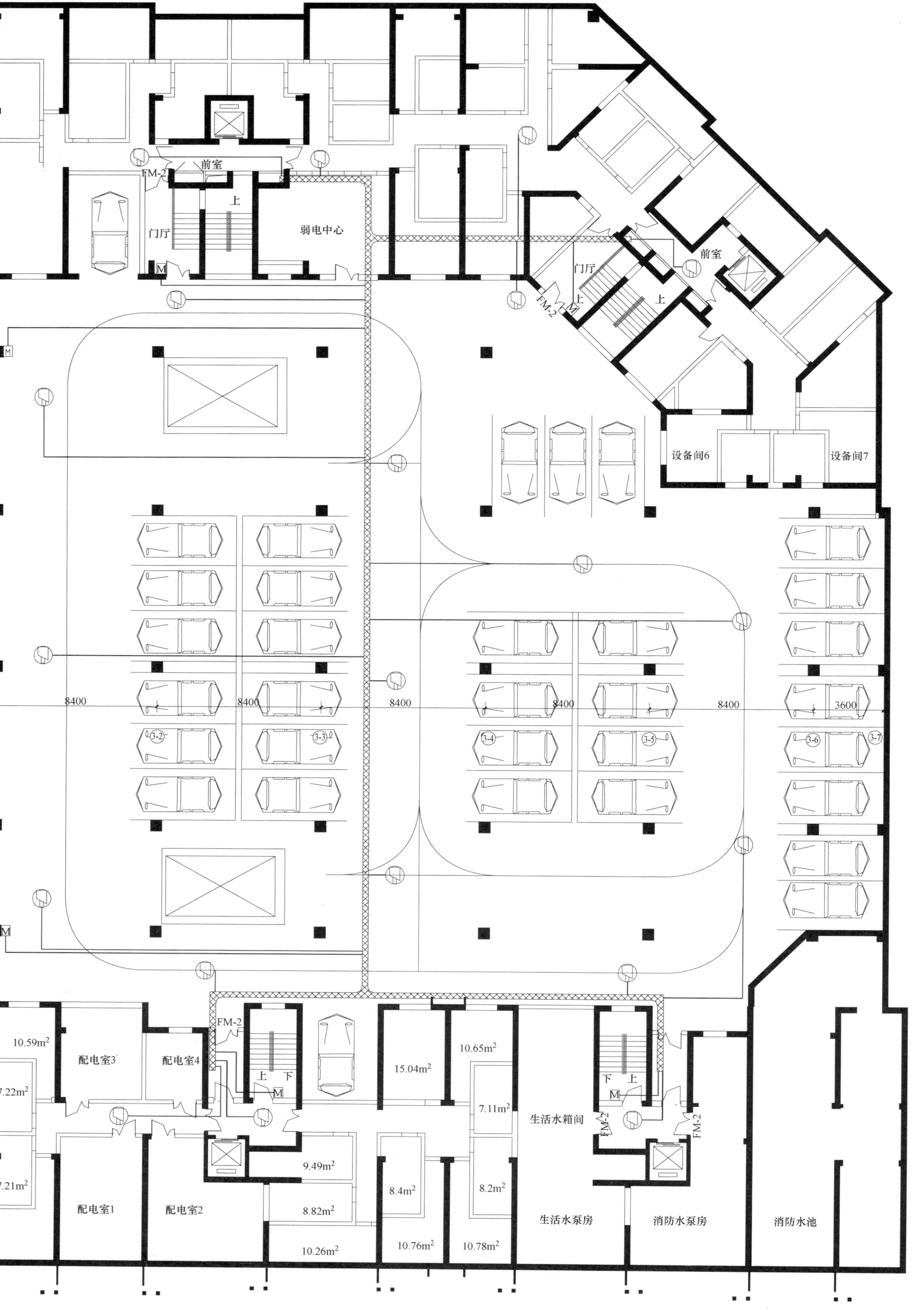

图6－6　某商住两用停车场管理系统图

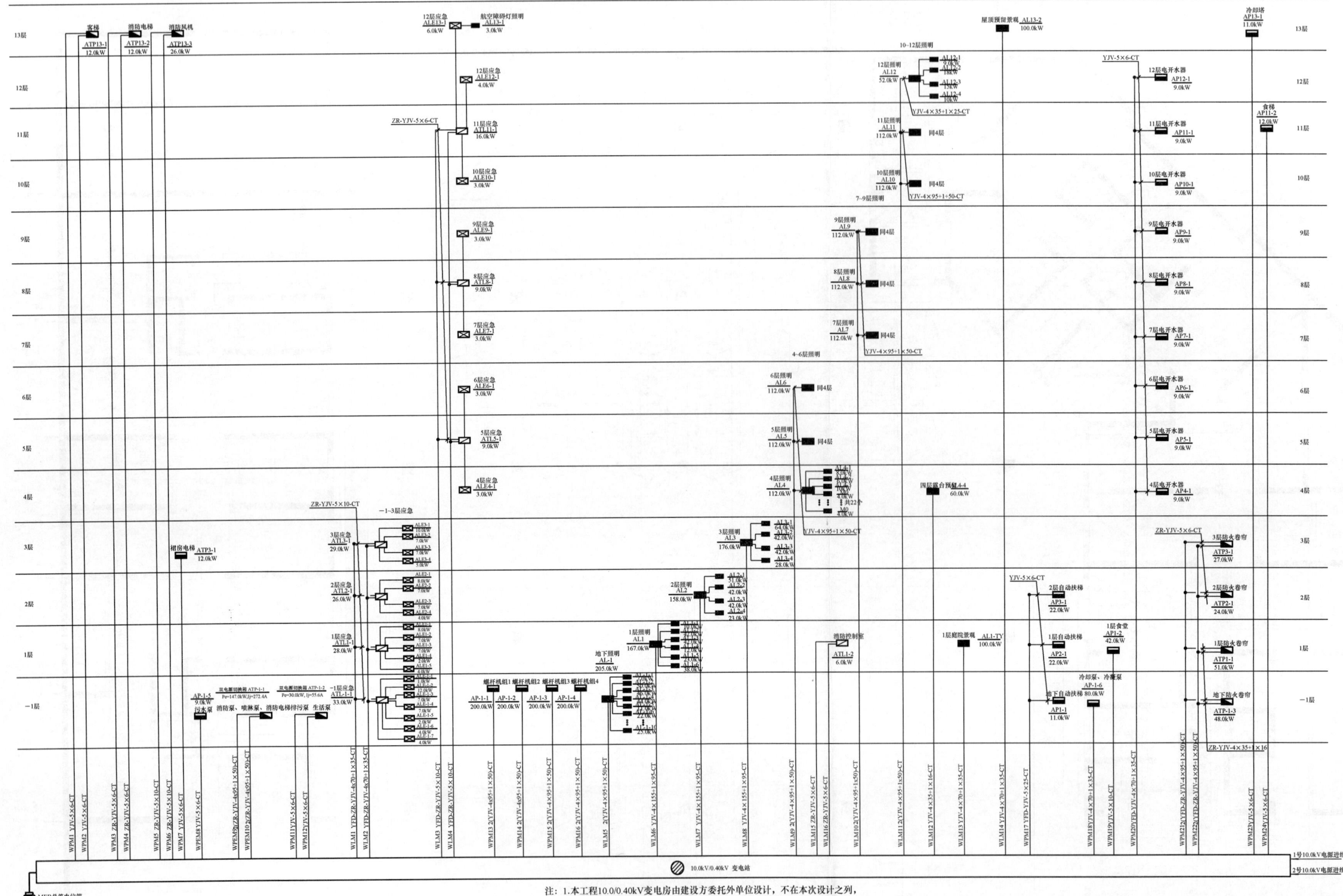

注：1.本工程10.0/0.40kV变电房由建设方委托外单位设计，不在本次设计之列，只作低压出线分配设计。
2.凡竖向干线图中未标注的线缆选型，详见动力平面图和配电箱系统图。

(c)

图 8-1　某小区公寓楼弱电系统图（三）

(c) 干线系统图

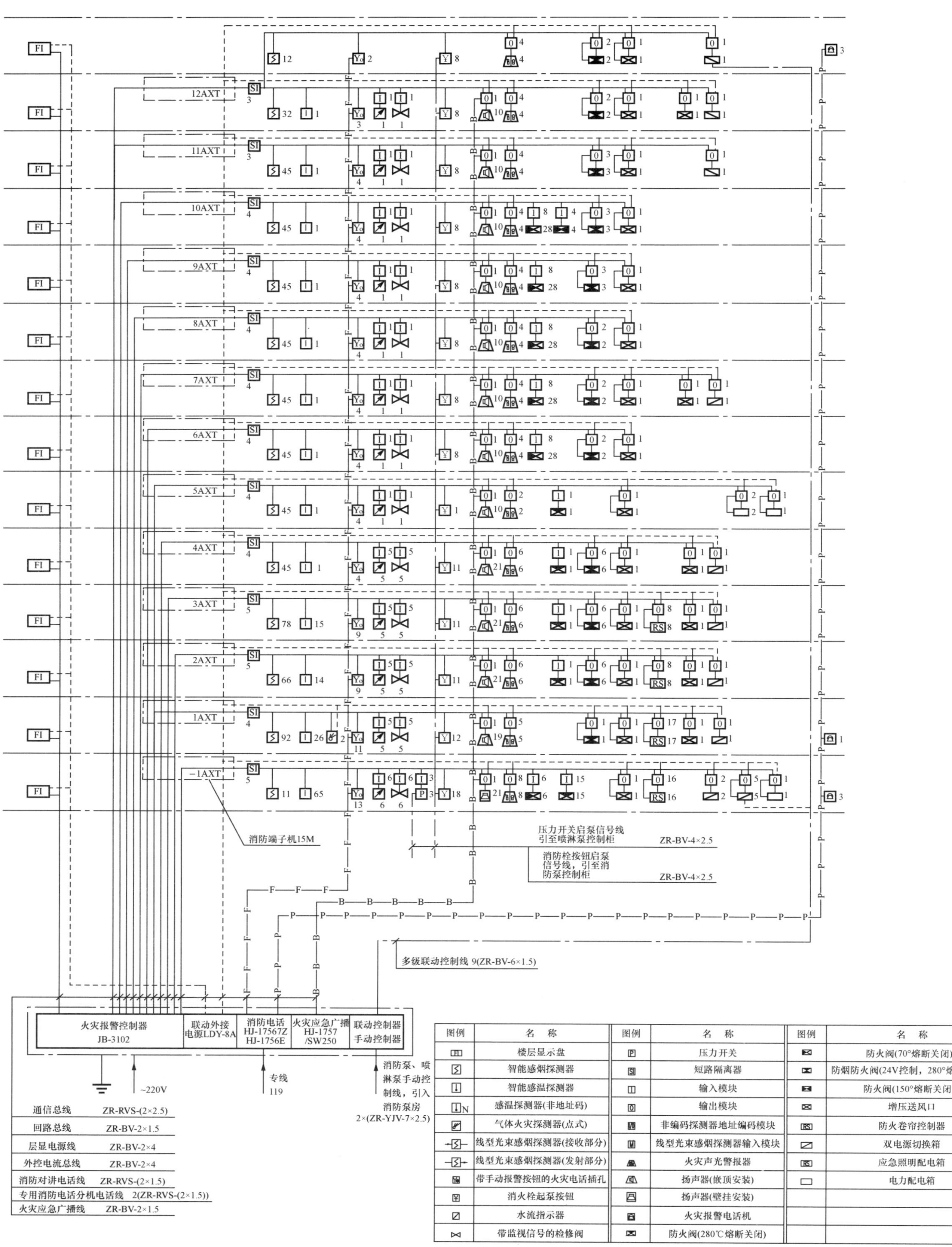

图8－2　火灾报警及联动控制系统图

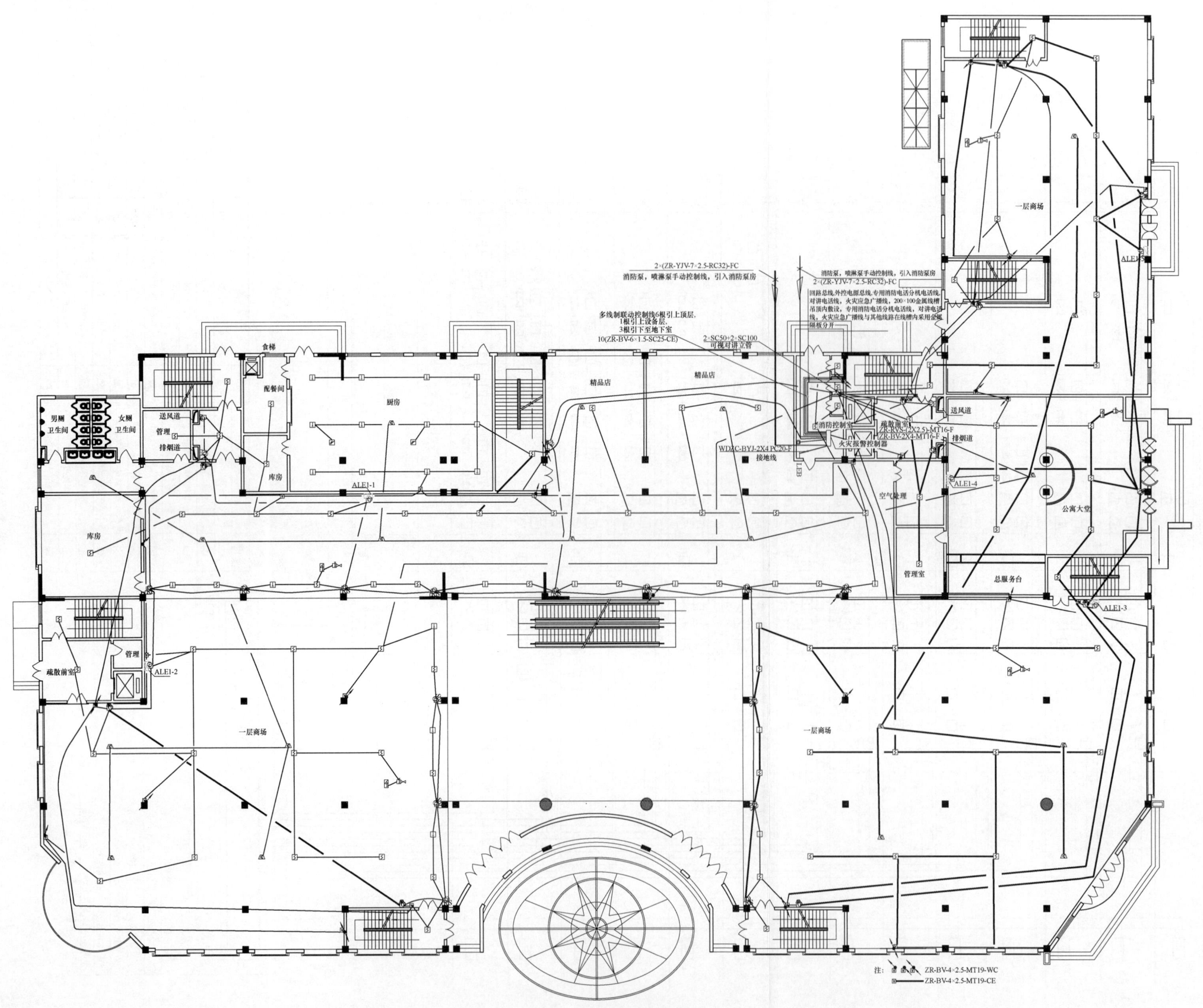

图 8-3　1层消防平面图

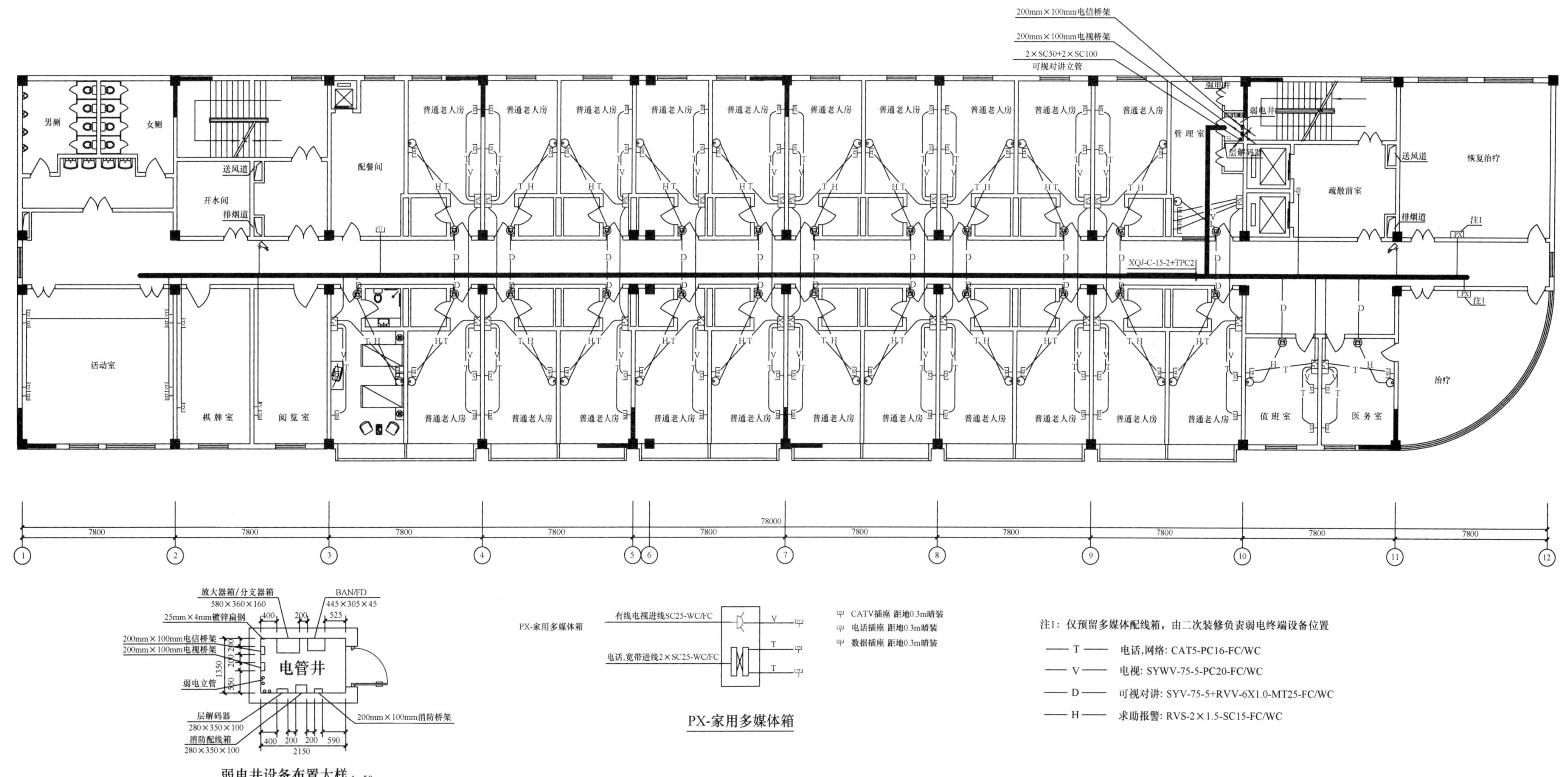
200mm×100mm电信桥架
200mm×100mm电视桥架
2×SC50+2×SC100
可视对讲立管
男厕
女厕
送风道
开水间
排烟道
配餐间
普通老人房
管理室
弱电井
层解码器
疏散前室
恢复治疗
注1
XQJ-C-15-2+TPC2
活动室
棋牌室
阅览室
值班室
医务室
治疗
78000
7800
放大器箱/分支器箱
580×360×160
BAN/FD
445×305×45
25mm×4mm镀锌扁钢
200mm×100mm电信桥架
200mm×100mm电视桥架
弱电立管
电管井
层解码器
280×350×100
消防配线箱
280×350×100
200mm×100mm消防桥架
2150
弱电井设备布置大样 1:50
PX-家用多媒体箱
有线电视进线SC25-WC/FC
电话,宽带进线2×SC25-WC/FC
CATV插座 距地0.3m暗装
电话插座 距地0.3m暗装
数据插座 距地0.3m暗装
PX-家用多媒体箱
注1：仅预留多媒体配线箱，由二次装修负责弱电终端设备位置
—— T —— 电话,网络: CAT5-PC16-FC/WC
—— V —— 电视: SYWV-75-5-PC20-FC/WC
—— D —— 可视对讲: SYV-75-5+RVV-6X1.0-MT25-FC/WC
—— H —— 求助报警: RVS-2×1.5-SC15-FC/WC

图8-4　标准层弱电平面图

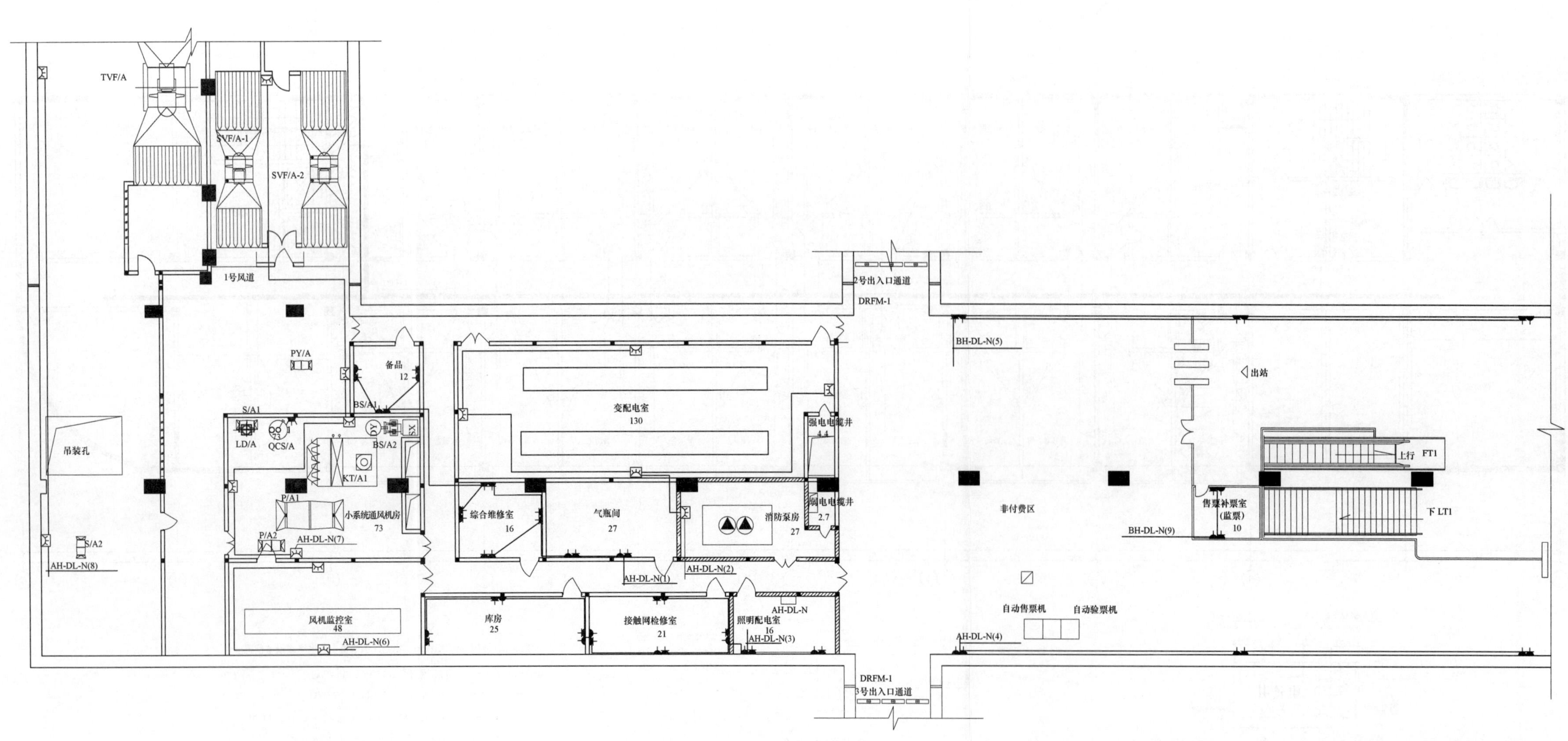

1

站厅层插座配线平面图 1:100

图 8-9 地铁站部分弱电系统图（一）

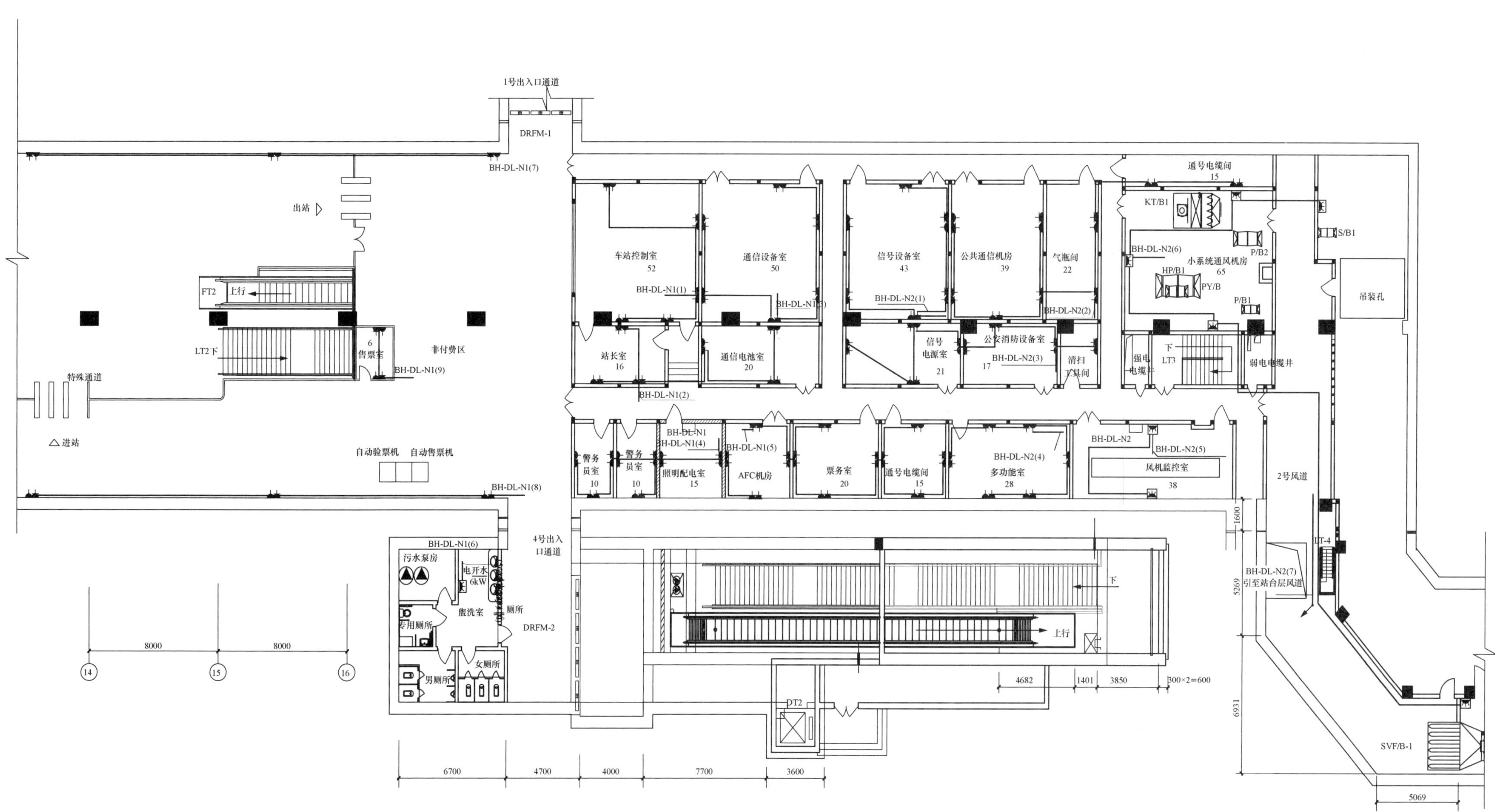

图 8-10　地铁站部分弱电系统图（二）

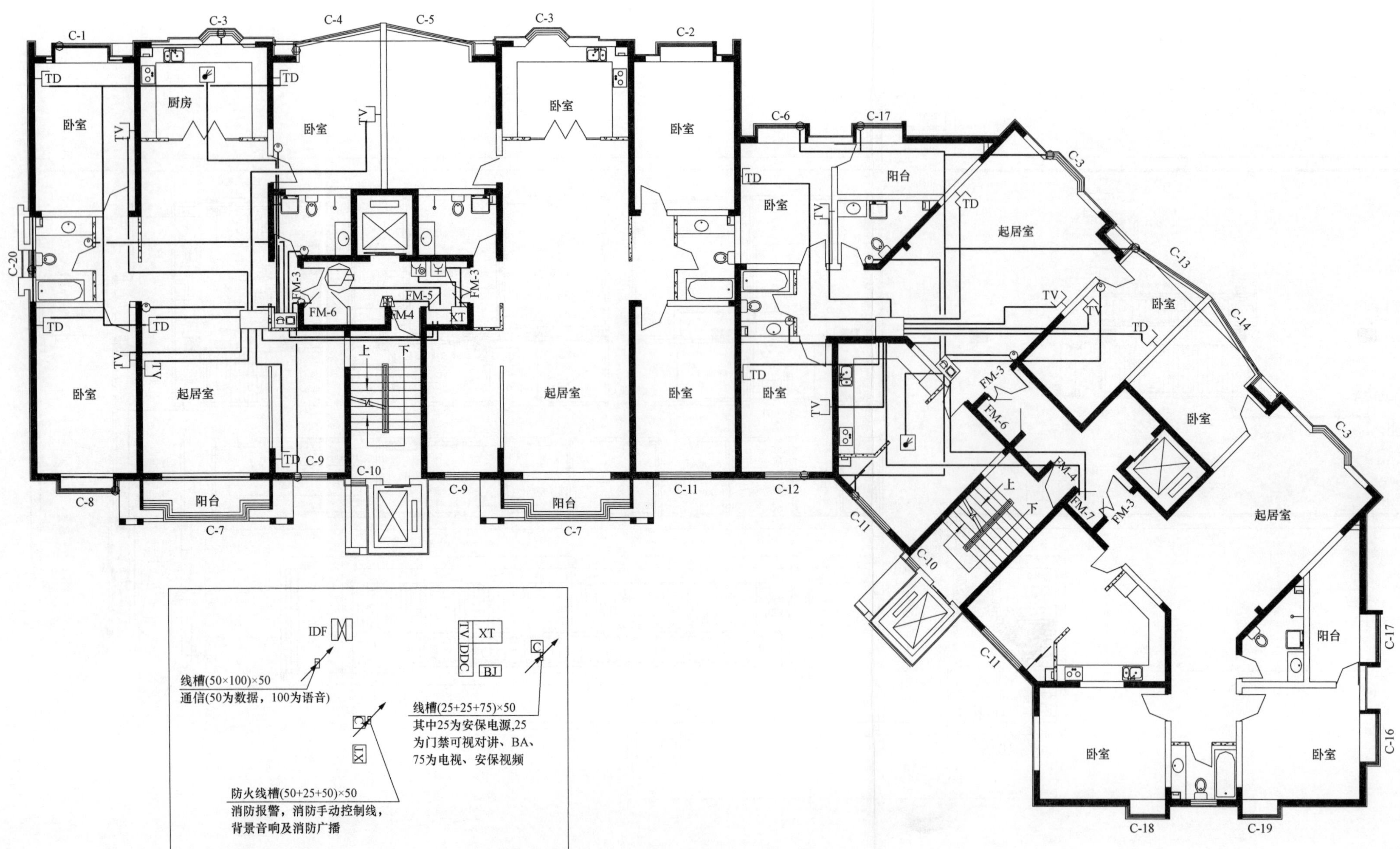

图 8-16　某综合楼 4 层弱电平面图